好女孩
出发吧

编著

中国商业出版社

图书在版编目（CIP）数据

好女孩出发吧 / 李丹丹编著. -- 北京：中国商业出版社，2019.8
ISBN 978-7-5208-0849-1

Ⅰ. ①好… Ⅱ. ①李… Ⅲ. ①女性－修养－青少年读物 Ⅳ. ① B825.5-49

中国版本图书馆CIP数据核字（2019）第164307号

责任编辑：常 松

中国商业出版社出版发行
010-63180647　www.c-cbook.com
（100053　北京广安门内报国寺1号）
新华书店经销
山东汇文印务有限公司印刷
*
710毫米×1000毫米　16开　13印张　160千字
2020年1月第1版　2020年1月第1次印刷
定价：48.00元
*　*　*　*
（如有印装质量问题可更换）

前　言

　　女孩是上天赐予人间的美丽天使，她们天性柔和、温顺、恬静，她们喜欢花园里鲜艳的花朵、葱绿的草；渴望自己变成城堡里的公主，拥有迷人的高贵气质；她们渴望爱情，喜欢漂亮衣服和礼物，渴望得到他人欣赏。她们不像男孩那样喜欢冒险、喜欢打斗或调皮捣蛋，她们往往在父母的百般呵护和关怀下长大成人。

　　也许正是因为女孩和男孩相比存在很多独特的个性，所以父母们会不自觉地想给女儿更多宠爱和娇纵。正如俗话说"女儿要富养，男孩要穷养"，说的就是这个道理。在有些父母眼中，女孩是柔弱的，必须给予更多关注，对女孩怎么疼爱都不为过，甚至娇惯也是应该的。这样的想法对女孩的成长具有好处吗？

　　如今，很多女孩在过分宠溺之下便滋生了"公主病"，或是成了自私自利的"霸道女孩"。宠溺让不少女孩不懂得珍惜，她们大把大把地花钱，不心疼父母赚钱的艰辛；她们任性蛮横，不顾及别人的感受；她们盲目跟风，衣着打扮既不美观也没品位……在现实世界中，随着社会节奏越来越快和竞争越来越激烈，于是，有些女孩便将美丽作为达到目的的资本，大把消费自己的容貌，肆意挥霍自己的青春。可是，她们忘记了一个重要问题，那就是韶华易逝，青春难在，当美丽容颜不复存在时，我们再拿什么来表现呢？当父母年老逝去，失去了生活保障，我们又将如何维持生计呢？

　　在我们长大并成为社会的一份子时，所接触的人已不再是父母师长，也不再是小时玩伴和同学，此时我们进入职场，要接受的是成人间激烈的竞争，同时还要面临婚恋问题的困扰。

一个女孩，在从学校迈入社会时，最重要的是要对自己有一个清醒认识，要知道自己的优势和劣势，学会管理和规划自己的人生，这样才能快速融入社会，迅速开始新的征程。严格的自我管理和高度的自尊感是一个女孩变得优秀、活得精彩的前提条件。

一个活得精彩的女孩，无论是美丽还是平凡，都会让人们敬佩。这样的女孩可能不是一个女强人，但是她的经济能力足以在这个世界上立足；她可能不是最美丽，但是肯定有她独特的气质；她不一定靓丽炫目，但一定让人感觉很舒服；她的智商不一定非常高，但她肯定有很高的情商，足以让她在生活、工作中游刃有余……这样一个女孩，无论是在事业、生活还有感情上，都一定是非常成功的。相反，不会规划自己的人生，仅有美貌没有内涵的女孩，就如同一个好看但仅限于观赏的花瓶，是无法得到他人真正的尊重与欣赏的。这类女孩，一旦韶华消失，光华褪尽，依然要忙碌奔波，慢慢地就会被生活磨掉所有的光彩。

修炼我们的气质，沉淀内心的杂质，当气质渗入骨髓，纵使岁月无情，我们依然能够凭着那份灵动、睿智、从容、淡定的气质成为最有魅力的风景。女孩到底应该如何提升自己，做个充满魅力的美人呢?使今后能够遇见更好的自己，那么，好女孩出发吧！

本书是专门为女孩准备的成长指导书。它从女孩生理、心理成长特征出发，从女孩学习、生活、习惯、个性等细节入手，通过对女孩涉及的诸多问题进行研究探讨，让女孩在迷茫中找到准确指引，在困难时得到及时帮助。从而点亮人生明灯，找到生活方向，在人生出发时就踏上坦途，活出自我，活出精彩！

目　　录

第一章　魅力无极限

青春靓点：阳光女孩的美丽形象……002

成长指南：妙龄女孩的青春发现……005

青春密码：青春期情感萌动的秘密……009

心灵闯关：看看你的青春多少分……011

魅力亮相：阳光女孩的魅力展示……013

特别测试：你的魅力在哪里……015

星光灿烂：尽显言谈修养的魅力……017

风采展台：一颦一笑的仪表魅力……019

小小窍门：阳光少女的魅力绝招……023

再度点拨：巧妙增加魅力的方法……026

穿出特色：为自己增添完美魅力……028

展示自信：活出自己的精彩……030

再度考验：你知道自己的魅力吗……033

第二章　美眉加油站

成长仪式：少女胸脯挺起来……040

特别点拨：让你更靓的打扮……042

人要衣装：穿出自己的风格 …………………… 044

整体展现：穿着美的综合体现 …………………… 047

美的源泉：穿衣打扮产生的美感 …………………… 050

七分打扮：注意点点滴滴装饰美 …………………… 052

点击时尚：装饰物为你的魅力加分 …………………… 054

靓丽检测：你属于哪类穿着风格 …………………… 056

第三章 优美风景线

艺术身体：身体比例中的秘密 …………………… 062

迷人的风姿在哪里 …………………… 063

非常提示：你的发型要和脸型相配 …………………… 065

测试过关：行走坐立大检验 …………………… 067

少女运动：魔鬼身材健美操 …………………… 069

女孩体操：女孩曲线美与锻炼 …………………… 071

爱心叮咛：增加身高的锻炼方法 …………………… 073

美丽诀窍：保持身材的七大秘诀 …………………… 075

第四章 超级人气迷

自我展示：散发我们的成熟魅力 …………………… 080

挑战自己：你是个成熟的女孩吗 …………………… 082

特别解密：你是什么气质的人 …………………… 085

魅力塑造：做个有气质的女孩 …………………… 088

实用妙策：提升气质的方法 …………………… 090

非凡打造：用高贵气质征服世界 …………………… 092

强化训练：优雅的女孩更有人气 …………………… 094

快乐人生：活泼的女孩真美丽 …………………………096

修炼秘诀：微笑让女孩更阳光 …………………………098

心理检测：迷人微笑真迷人 ……………………………101

随心所愿：让你变得可爱的秘诀 ………………………103

星星点点：女孩的可爱之处 ……………………………104

心灵筹码：你是讨人喜欢的女孩吗 ……………………106

第五章　做温柔的女孩

心理塑造：做一个柔情似水的女孩 ……………………114

魅力修炼：要养成温柔的习惯 …………………………116

敞开心扉：柔情的语言可以打败一切 …………………119

关注细节：点滴打造温柔女孩 …………………………122

温柔风采：一举一动释放温柔 …………………………123

特别支招：温柔女孩温顺而不软弱 ……………………125

美妙检测：你是一个温柔的女孩吗 ……………………127

第六章　淑女速成季

特别准则：校园淑女的标准 ……………………………130

颐养身心：完美淑女的内在修养 ………………………133

私房建议：塑造自己的淑女形象 ………………………135

重要步骤：做一个有知识的淑女 ………………………139

淑女风范：淑女必知的餐桌礼仪 ………………………140

大显才华：出行中显出淑女的风度 ……………………143

走出困惑：女孩的禁忌须切记 …………………………146

形象检阅：你的淑女指数是多少 ………………………148

第七章　秀出时尚美

一招一式：流露情感的表情美 …………………………… 152

闪亮登场：女孩的时尚新品位 …………………………… 154

心理测试：你的美丽多少分 ……………………………… 155

特别推荐：阳光美女秀出来 ……………………………… 157

时尚忠告：爱美的十大禁忌 ……………………………… 159

悄悄咨询：他人眼中的自己 ……………………………… 161

穿出学问：连衣裙的迷人之处 …………………………… 164

声音魅力：学会文明打电话 ……………………………… 165

第八章　养护新看点

迷人瞬间：科学养护脸部皮肤 …………………………… 168

护理处方：不要让自己的肌肤受伤 ……………………… 171

非常推荐：成功美白的新方法 …………………………… 173

自我检查：你的皮肤是什么类型 ………………………… 175

美丽吃出来：从营养中获得美丽 ………………………… 177

出奇制胜：健康养护的新绝招 …………………………… 180

贴心呵护：不要忽略对颈部的护理 ……………………… 182

爱心忠告：你的嗓子也需要养护 ………………………… 185

心灵勘探：你是一个懂保养的人吗 ……………………… 186

女孩秘法：五官保养样样美 ……………………………… 191

精心呵护：用心护理你的指甲 …………………………… 194

保健之本：避免电脑辐射的保养 ………………………… 196

时尚美容：跟上时代新步伐 ……………………………… 198

第一章　魅力无极限

悄悄地，我们告别了五彩缤纷的童年，走进了美丽的青春期。这是人生旅途的起点，是我们人生最重要的阶段，凭着青春的活力，我们可以变得出类拔萃，让自己充满魅力。

青春靓点：阳光女孩的美丽形象

女孩都是美丽的天使，哪个女孩不希望自己天生美丽呢？特别是进入青春期以后，我们对美与丑便有了更进一步的认识，总喜欢对着镜子评价自我："我漂亮吗？"并自信地从镜子里得到一个满意的回答。

事实上，女孩爱美是一个普遍现象。当女孩长到十三四岁时，就会关心自己的身体、姿态和容貌等美不美。常常是镜子、梳子不离身，同时，也开始对化妆品和衣着服饰表现出浓厚的兴趣。当我们还无法拥有自己所喜爱的化妆品及衣帽服饰之类的东西时，就会悄悄地去使用妈妈、姐姐等人的东西了。我们还会对电影或电视上出现的新发型、新服饰或新打扮等十分敏感，对自己的美十分关切，并且千方百计地想让自己显得更美。

那么，大家眼中美丽阳光的女孩形象到底是怎样的呢？其实，这些美丽主要表现在以下几个方面：

骨骼比例匀称

骨骼的组合构成了人体的基本结构，是女孩人体美的基础。匀称而适度的骨骼应该是：站立时，头、颈、躯干和脚的纵轴在一条垂线上；肩稍宽，腰椎、臂骨、腿骨发育良好而无畸形；头、躯干、四肢的比例及头、颈、胸的连接适度，上下身的比例符合黄金分割定律，就是以肚脐为界，上身与下身之比约为5∶8。

打个比方，如果身高1.6米，体重和其他各部位比较理想的标准应该是：体重50公斤左右，肩宽0.36～0.38米，胸围0.84～0.86米，腰围0.60～0.62米，臀围0.86～0.88米。

肌肉强健协调

肌肉美是指肌体富有弹性，能显示出人体形态的强健和协调。过胖、过瘦、臃肿松软，或肩、臂细小无力，以及由于某些原因造成的身体某部分肌肉过于细弱或过于发达，都不叫肌肉美。

脸色红润、有光泽

脸色能反映女孩的精神面貌，与我们的气质有较多的联系。女孩的脸色美的标准一般是红润而有光泽，这是一种健康的色调。

眼睛明亮有神

我们的眼睛有丹凤眼、环眼、大眼、小眼等各种形态，目光有神是眼睛美丽的基本要素。

有神的目光，能显露鲜活的心灵和丰富的精神。如果眼珠灵动明亮，则更会增添无限的美丽。

额头平整光洁

女孩的额头以平整光洁为美，不能太向前突出，但额骨发育必须充分，不管谁见了，都能留下一种健康而有生气的感觉。额上带刘海的女孩，由于其额头显得低垂，能显示出一种娟秀的魅力。

瓜子脸、鹅蛋脸最美

女孩的脸盘不尽相同，但总体上可分为三角形、倒三角形、圆形、长脸形、四方形、鹅蛋形这六种脸型，其中以倒三角形和鹅蛋形脸最好看。

倒三角形，俗称瓜子脸，下巴曲线特别富有魅力。鹅蛋形即椭圆形，整个脸型像是一个大头向上、小头朝下的鹅蛋。这种脸型，下巴的曲线也比较柔和，额部比下巴略大一些，显现出一种女性妩媚的魅力。

长脸形由于脸架的长度与宽度之比不是黄金分割比，显得有些不和谐，给人一种不自然的感觉。四方形脸的长度与宽度几乎相等，而且下巴缺乏柔美的曲线，腮腭部分特别突出，给人一种呆板的感觉。

圆形脸，俗称汤圆脸或娃娃脸，整个脸近乎一个圆。这种脸型缺少变化，三角形脸的额宽明显小于下巴的宽度，下巴曲线也比较平缓，显示不出变化与魅力。

从美的角度看，具有瓜子脸和鹅蛋脸的女孩，最有魅力。

肩膀柔软浑圆

两肩魅力虽不如身体其他魅力要素那么重要、醒目，但因为它是人体的第一道横线，所以也很引人注目。一般说来，女孩的肩膀以柔软浑圆、具有平滑曲线为佳。

乳房丰满挺拔

乳房是女孩魅力的一个闪光点。众所周知，在女性美中，除脸部的魅力外，最富于魅力的，非胸莫属了。女孩胸部美的精华，就是线条感、流动感。

代表女孩魅力的乳房，应是丰满而富有弹性，坚挺而不下垂，侧视应有明显的球形曲线。为此，女孩应该在乳房的发育阶段，多做乳房健美的练习，并正确做好对乳房的呵护。

腰肢细柔苗条

世界上的人一致公认女孩的腰肢以细而有力为美。腰肢历来以细柔为美，我国历史上即有"楚王好细腰，宫中多饿死"的说法。当代也不乏束腰节食以求细腰的少女。

既要苗条的腰肢，又不能损害健康，这一对难解的矛盾越来越尖锐。实际上，进行形体锻炼，才是保持腰肢美丽的最佳办法，而节食只是辅助手段。

当然，漂亮的外在形象还要通过锻炼来实现。当今风靡世界的健美运动，就是以科学的骨骼和肌肉锻炼方法，使身体各部分得到全面协调发展。

女孩常见的健美方法有做健美操，此外，还有其他体育活动和集体舞等。其中最有效、最简便的就是做健美操，它可以非常简便地使你获得完美的外在形象。

成长指南：妙龄女孩的青春发现

作为女孩，随着时间的推移悄悄地长大，特别是进入青春期后，你是否发现自己的外形和身体器官都在发生一系列微妙的变化呢？

随着身体的迅速发育，活动能力也急剧上升，体力也在增强，我们的第二性征发育也逐渐趋于成熟了。身体的发育成熟使我们显示出了蓬勃的青春活力，我们也就由小女孩变成了婀娜多姿、亭亭玉立的阳光美少女。

少女的青春期究竟从什么时候开始，又到什么时候结束呢？其实，从年龄上讲，女孩一般10～12岁便是青春期的开端，以后的5～6年期间，则是身体发育最显著的时期，最早到17～18岁，或最晚到23～24岁，青春期发育才告终结。

当然，女孩进入青春期的年龄是有个体差异的。我国医学界将青春期年龄定为13～18岁，而国外医学界则定为10～19岁。其中又分为10～14岁的青春早期，以及15～19岁的青春晚期。

乳房发育

女孩乳房开始发育的时间是在9～14岁。有关研究女性青春期的学者一般把女孩的乳房发育过程分为五个发育期：

第一期是青春前阶段，这时，女孩的乳房基本上没有发育。

第二期是乳头下的乳房胚芽开始生长，呈明显的圆丘状隆起。

第三期是乳房开始变圆，形状和成人的乳房接近，但此时乳房的体积较小。

第四期是乳房开始迅速增大，乳头、乳晕向前突出，此时乳房的形状就像个小球一样。

第五期是乳房开始向正常成年女性转变，此时的乳头、乳晕与乳房圆形融成一体。这时，女孩的乳房发育就基本上完成了。

当然，不同女孩的乳房开始发育的时间是不一样的，大多数少女在9～13岁就进入了乳房发育的第二期。如果女孩已经年满14岁，而乳房还没有发育完成的话，就可能是身体发育异常了，应请医生检查、诊治。

就大多数女孩来说，乳房发育的时间从第二期至第五期整个过程平均为4年。不过，也有些女孩发育情况会很快，一年半左右就完全发育了。但是，还有少数女孩也有发育得较慢的情况，这样的女孩，她的发育时间可长达9年。在这9年时间里，有的女孩乳房发育的第四期很不明显，这些女孩是从第三期直接进入第五期；而另外一些女孩的第四期发育却特别长，最长的可能经过多年的时间也没有一点变化，直至怀孕后才可能完全发育成熟。

在乳房发育期间，我们女孩可能还会遇到一种特殊的情况，就是在乳房发育早期，有可能一侧乳房会显著大于另一侧。不过，要是有这种情况也不要害怕，因为随着发育的进展，当乳房生长接近第四期时，逐渐就会变得等大或基本等大。

关于这个问题，英国的一项调查资料显示：一组77例处于乳房发育早期的少女中，有9例两侧乳房不等大；另一组22例乳房发育接近成熟的少女，仅1例两侧乳房不等大。从这些事实中我们可以看出，女孩乳房发育过程中两侧乳房的差异，在接近成熟时会降到最低限度。为此，作为女孩的你，就不必为此担心了。

身高

进入青春期的女孩，身体在迅速地增高，而且，身高的生长与乳房开始发育几乎是同时出现的。青春期前，女孩每年会增高0.04～0.05米。

进入青春期，平均每年可增高0.08～0.09米，甚至，有的女孩可能还会超过0.1米。当长到一定的高度后，速度又会稳步下降，不久，就停止长高了。长得最快的时期，一般会是两年半至3年左右。有人经过计算发现，女孩生长速度达高峰时，身高已达最终高度的90％。也就是说，当我们的身高迅速增长最明显时，就不会再长高很多了。

女孩身高迅速增长是青春期第二性征发育中又一引人注目的特征。青春期前，身高相仿的同龄女孩，因进入青春期先后的不同而出现明显的差异。青春发育早的女孩，身体突长，女性体形特征逐渐明显，与尚未进入发育期的女孩形成鲜明的对比。这就容易对发育慢的女孩造成心理上的压力，她们会怀疑是否能赶上自己的同伴。

其实，这种焦虑大可不必。因为只要我们进入了青春期，身高的增长就会大大地加快，而先进入青春期的女孩，生长速度高峰过去后，骨骺闭合，就会完全停止生长。但是，发育较晚的我们会很快赶上去，甚至超过先发育的女孩。所以，当你发现自己比同龄好友长得慢时，不必担心。

月经初潮

女孩第一次来月经，称为"月经初潮"，简称"初潮"。对女孩来说，初潮年龄因人而异。发达国家中大多数少女在11～15岁，正常范围是11～16岁。我国少女多数在13～16岁。

通常说来，当我们乳房发育到第四期时，就会迎来第一次月经的来潮。而从乳房发育第二期至月经初潮的时间平均为2～3年。当然，也有部分女孩的初潮可能会出现得很早或很晚，通常会分别出现在乳房发育的第三期至第五期。

当女孩第一次来月经时，往往是在生长速度达到高峰的时候。这说明，女孩在月经来潮后就不会长得很高了。长得不高的女孩，如果想要长得更高，就需要在初潮之前，进行长高的运动锻炼，这样才能避免造成以后难以长高的遗憾。

骨骼生长

我们在身高迅速增长时，机体各部分骨骼生长的速度以及生长的持续时间是不同的。因此，女孩发育成熟时的形象绝不是儿童时期简单的放大。例如，有的女孩大腿增长的程度略小于身高。其实，进入青春期的女孩，即使身高平均增加0.135米，腿长也仅增加0.115米。部分原因是身体整体生长的持续时间较长引起的。

另外，青春期前，女孩的骨盆是一个狭窄的浅腔，尚不足以容纳子宫、输卵管和卵巢。儿童时期，这些生殖器官位于腹腔下部。随着臀部的生长，骨盆会日渐变宽。骨盆横径会大于前后径，骨盆上缘呈女性特有的卵圆形；盆腔也加深、加宽，以致能容纳所有的生殖器官。这些骨骼的完美生长，都为我们以后能够成为一个体态完美的女性提供了必要的条件。

青春密码：青春期情感萌动的秘密

亲爱的女孩，你会在不知不觉中走进青春期，随之而来的是你萌动的春心。

那么，你了解春心萌动的奥秘吗？

其实，青春期是儿童向成人过渡的中间阶段，有人把它称为"人生历程的十字路口"，它既与儿童有别，又与成人不同。

青春期最大的特征是性发育的开始并逐步完善，与此同时，少男少女在心理方面的最大变化，就是对异性产生的一种朦胧好感，也反映在性心理领域。我们对性的意识，由不自觉到自觉；由同性转为异性；对异性的感觉，也由反感到相互吸引……

因此，不论男孩女孩、家长或者老师，都应对青春期的性心理变化有一定的了解。一般情况下，女孩青春期性意识的发展可分为四个时期：

性抵触期

在青春发育之初，有一段较短的时期，青少年总想远远避开异性，以女孩表现得尤为明显，这主要与生理因素有关。由于第二性征的出现，使青少年对自身所发生的剧变感到茫然与害羞，本能地产生对异性的疏远心理，部分人甚至对异性产生反感。此时期一般持续1年左右。

仰慕长者期

在青春发育中期，男女孩常对周围环境中的一些在体育、文艺、学识及外貌上特别出众者非常崇拜，这些人成为他们生活中的偶像，对其仰慕爱戴，心向往之，而且经常模仿这些人的言谈举动，以至入迷。

向往异性期

在青春发育后期，随着性发育的渐趋成熟，纯情女孩和单纯少年常会对与自己年龄相当的异性产生兴趣，并希望有机会接触异性，或在各种场合想办法吸引异性对自己的注意。

但由于青春少女的情绪不稳，自我意识甚强，在心理上较脆弱，因而在接触过程中，十分容易引起冲突，常因琐碎小事而争吵，甚至绝交，因此交流对象经常有变换。

朦胧恋爱期

在青春发育基本完成的阶段中，许多女孩把友情集中寄予自己钟情的一个异性身上，彼此经常在一起活动，学习中互相帮助，生活中互相照顾体贴，这是一种青春恋情。这时的少男少女对周围环境的注意减退，纯情女孩常充满了浪漫的幻想，向往被爱，往往多愁善感。

女孩子正是因为有了这些青春期的情感萌动，才会遇到各种各样的青春期烦恼。

这时的我们要学着远离这些烦恼，才能生活得更好。那么，这些烦恼主要有哪些呢？让我们一起来看一看吧！

（1）自卑。自卑是什么呢？它其实是一种因过多地自我否定而产生的自惭形秽的情绪。自卑的女孩在人际交往中，主要表现为对自己的能力、品质等评估过低，心理承受能力较弱，经不起较强的刺激，谨小慎微，多愁善感，常产生疑忌心理，行为畏缩、瞻前顾后等。

女孩自卑心理的产生主要来源于消极的自我暗示。自卑心理往往是她们在现实交往中受挫，产生消极反应的结果。因为，女孩在交往过程中常会遇到自己不能克服的障碍，导致交往挫折的发生。

（2）孤独。孤独是指自己不愿投入集体生活中去，又抱怨别人不理解自己，不接纳自己时产生的情绪。

进入青春期的女孩，产生孤独感主要有两点原因：一是独立意识的增长，二是自我意识的发展。不论哪种情况，都应该努力战胜这个青春期烦恼，让自己的青春期充满阳光。

（3）挫折。在成长的路上，我们还会遇到挫折，这是指种种愿望得不到满足时而带来的失望、压抑、沮丧、忧郁、苦闷等不良情绪。

一般来说，导致挫折心理的原因有很多，主客观矛盾，个性不完善，情绪不稳定，认识片面，自尊心和好胜心过强等都会导致挫折感的产生。

女孩们，请你们不要忽略在青春期的情感变化，如果能够顺利地处理好这些变化，你们的成长将更加快乐、阳光！

其实，我们生活在这个社会，总会遇到各种烦恼和困惑，只要明白了其中的缘由，找到正确的解决办法，这些烦恼就不会再让我们害怕了。

心灵闯关：看看你的青春多少分

每个女孩都希望保持自己的青春活力与外表，但保持青春，其含义不光在外表上，还包括在生理上。为此，我们专门为你设计了一套检测生活习惯与饮食习惯的测验题，检测你的青春指数究竟有多高。

测验结果，可以使你重新审视自己的生活习惯是否健康。如果你的得分不及格，那可得注意喽！赶紧弥补一下，让自己漂亮起来，青春活力指数决定你的外表，作用大着呢！

你现在的生活方式符合健康概念吗？有些习惯为你的健康加分，为你的美丽加分，但有些习惯则危害你的身体健康，却很容易被你忽略。做一做以下的测验吧！检测一下你的生活作息和饮食习惯，是否符合健康标准。

加分（+）——延长青春之得分 减分（-）——缩短青春之得分

以下的5个单元分别针对各种不同的生活习惯，每做一个单元测试，请算出正负得分。如果是正数得分，代表你的生活习惯OK，青春指数符合标准；如果是负数得分，则代表你的青春正悄悄地流逝，必须赶紧加油！

1. 你的饮食习惯健康吗

经常吃得太多（-1）；总是一边看电视一边吃零食（-1）；常去快餐店就餐（-1）；吃东西时细嚼慢咽（+1）；不经常吃点心（+5）；有偏食习惯（-1）；为补充体质或睡眠的不足而经常贪食（-1）；三餐正常吃（+5）；肚子饿的时间就餐没有规律性，吃饭时狼吞虎咽（-1）；从未在半夜里吃食物（+3）；经常忙得忘记吃饭（-1）。合计（　）分。

2. 不当的节食计划有碍减肥

曾在一个月内减肥5千克以上（-2）；曾饿得手脚发软仍继续忍耐下去（-2）；因为节食体力变差而变得不爱运动（-2）；尝试过多种减肥食品或减肥方法（-1）；为了保持苗条的体形，绝不让自己吃得太多而发胖（-1）；曾以手指探喉咙，让吃下去的食物吐出来（-2）；虽然别人都说自己不胖，但自己总是感觉有些胖（-2）；认为自己身体适中，不用减肥（+2）。合计（　）分。

3. 洗澡方式与养生之道

洗澡的时候，大多做20分钟以上的全身浴（-1）；通常以水温38℃左右的水来泡澡（+3）；洗完澡后通常会感到眩晕（-1）；泡澡时总要泡得全身红才觉得舒服（-1）；喜欢泡热水的一刹那的快感（-1）；夏天容易出汗，非常注意洗澡以保持身体清洁（+3）。合计（　）分。

4. 运动能强身健体

不爱运动，也没有运动的习惯（-2）；平时没时间运动，总要等节假日才运动（-1）；每天坐在桌前学习工作一整天（-1）；不爱坐电梯，上楼尽量多走楼梯（+2）；自觉运动量不足（-1）；从事需要身体运动的工作（+1）；每天坚持运动，即使只做10分钟也好（+1）。合计（　）分。

5. 睡眠质量决定着你的生活质量

经常做噩梦或不愉快的梦（-1）；睡前习惯洗个澡或听轻音乐（+1）；不容易入睡（-1）；曾因睡不着而服用过安眠药（-3）；作息时间有规律，睡觉和起床有固定的时间（+7）；睡与醒没有规律，甚至日夜颠倒（-2）；每天早上起床时都觉得神采奕奕（+5）；睡到半夜常会起床上厕所（-1）；晚上经常工作、学习、玩电脑（-1）；睡眠时间在5个小时以下（-2）；睡眠时间正好在7个小时左右（-1）。合计（　）分。

魅力亮相：阳光女孩的魅力展示

魅力是什么呢？就是当别人看你第一眼的时候，就觉得你非常与众不同。通常说来，大多男孩会从年龄、成熟程度等方面去看待每个不同的女孩。

通常说来，别人看我们，没有统一的看法和审美标准，那么，最适中的审美标准是怎样的呢？

外表

有魅力的阳光女孩应该容貌悦目，身体适中，女孩身高若为1.63米，那么体重约52千克，三围分别约0.9米、0.7米、0.9米，这样的体形较为匀称。

姿态

有魅力的阳光女孩应该苗条、温柔、活泼、轻盈、自然。

作为阳光女孩，应该在教室或公众场合讲话细声细语，如果能做到除了该听的那个人能听见，前后左右，以及斜对面的人都听不见自己的声音，久而久之，身上的温柔感就会自然流露出来了。

表情

有魅力的阳光女孩应该随时保持平和含蓄的表情，蕴含内在美。

态度

有魅力的阳光女孩在任何时候都显得和蔼可亲，并且非常容易相处。

言谈举止

有魅力的阳光女孩的举止自然适中，不做作也不夸张。

爱好

有魅力的阳光女孩对各种有益健康的活动都喜欢。

待人处世

有魅力的阳光女孩待人接物真情坦然、温柔、有礼貌。

发式

有魅力的阳光女孩发式与面型相配，不过分修饰。

打扮

有魅力的阳光女孩大方得体，不能太反叛、太离奇，如果弄成失去本来面貌的"怪物"，只会让大家敬而远之。

见识

阳光女孩除了知道女孩们要知道的事，还需了解男孩们热衷的事，比如体育、汽车和网络术语等常识，这样才能与形形色色的人有共同话题。

体贴

女孩在任何时候，都不要以为所有的异性都该是为我们服务的，为此，当男孩为我们帮忙时，我们也应该对其报以诚挚的谢意。

大方

阳光女孩应该做到不小气，不嫉妒，不耍脾气，不轻易说"不"字。

独立

独自上下学，不用接送，自己的事自己处理，做错事自己负责。有异性朋友很幸福，没异性朋友也快乐，这样的女孩才是阳光女孩。

特别测试：你的魅力在哪里

对我们女孩来说，自己的魅力自己并不知道，那么，你的魅力在哪里呢？做完这个小测试，你就知道了。

1. 你想居住的家是什么样的？
A. 窗户和门都很小，钢筋混凝土式的三层建筑。
B. 门和窗户都很大，平房式的建筑。

2. 如果去海滨浴场的话：
A. 先做好减肥准备。
B. 买新的游泳衣。

3. 在看侦破类的电视剧时，你试着猜测犯罪嫌疑人的依据是：

A. 根据长相。

B. 根据台词。

4. 对幸运的猜测和占卜的想法是：

A. 其实也没什么。

B. 深信不疑。

5. 与好朋友发生口角时你会怎么办？

A. 再找别的朋友。

B. 反复思考后，承认自己也有不对的地方。

6. 当你看到猫的时候，你会想到什么？

A. 悠然自得的样子，真好。

B. 不喜欢。

7. 你曾经喜欢的著名童话是：

A. 《阿尔卑斯山的少女海蒂》。

B. 《弗兰德斯的狗》。

8. 如果在24小时店买零食的话，你会买：

A. 快餐类。

B. 点心类。

9. 你在买衣服时：

A. 去已经选好的专卖店。

B. 约朋友一起去，尊重朋友的意见。

10. 你看到月中嫦娥有什么感觉？

A. 没什么感觉，无所谓。

B. 如果能和她一样美丽该多好呀！

数一下你选择的B的数目，看一下答案吧！

1. 0~2个。你是可以依赖的"大姐"型女生。在你的圈子里很有名气，但是，很难被视为"异性"。

2. 3~5个。豪爽是你的魅力。但是在他人面前，表现得像个女生比较好。不时地变换一下服装，会有意想不到的效果。

3. 6~8个。不用说，你是一个受欢迎、让人喜欢的女生。但是有时有些冲动，有时只考虑自己。如果不经常撒娇的话，会更受人喜欢。

4. 9个以上。你非常温柔、细腻。但是你变化无常的性格有时会给周围的人带来困扰。如果和豪放的朋友交往会很好，做事尽量爽快点！

星光灿烂：尽显言谈修养的魅力

朋友，你是否留心过，如果有人把他自己的话用诚挚而令人感动的语气说出来，你的心里是不是会觉得特别的亲切？这是为什么呢？因为，言谈往往是最能表现一个人的文化素质和修养的，如果我们也能把自己的话用诚挚而令人感动的语气说出来，我们的言谈就会充满智慧，而我们，也会让人感觉是富有修养的。

言谈，指言语交谈，是一种相对于书面表达的口头表达。女孩的言谈修养，就是言语交谈时应该遵循的重要礼节。一般说来，在日常生活中，阳光女孩在言谈中要做到"四有四避"。

"四有"

言谈要做到的"四有"，就是有分寸、有礼节、有教养和有学识，每一项都有不同的要求。

有分寸是语言得体、有礼貌的第一要素。女孩要做到语言有分寸，必须配合以非语言要素,要明确交际的目的,要选择好交际的方式。

有礼节就是指我们生活中的普通寒暄有礼貌。在生活中,有5个最常见的礼节语言,它表达了人们交际中的问候、致谢、致歉、告别、回敬这5种礼貌。问候是"您好",告别是"再见",致谢是"谢谢",致歉是"对不起"。回敬是对致谢、致歉的回答,如"没关系""不要紧""不碍事"之类。

有教养指说话有分寸、讲礼节。说话内容富于学识,词语雅致,是言语有教养的表现。能够尊重和谅解别人,是有教养的人的重要表现。尊重别人的私生活、衣着、摆设、爱好,在别人有了缺点时委婉而善意地指出。谅解别人就是在别人不讲礼貌时要视情况加以处理。

有学识是指说话要有内涵和知识含量。在当今高度文明的社会里,必然十分重视知识、尊重人才。富有学识的女孩将会受到社会和他人的敬重,而无知无识、不学无术的浅鄙之人将会受到社会和他人的鄙视。

"四避"

言谈要做到的"四避"是指要避隐私、避浅薄、避粗鄙和避忌讳,这里的每一项也有其不同的要求。

隐私,就是不可公开或不必公开的某些情况,有些是缺陷,有些是秘密。我们在言语交际中应该避谈、避问隐私,这是礼貌言谈的重要方面。

浅薄,是指不懂装懂或讲外行话,或者言不及义,知识肤浅,言辞单调,词汇贫乏,语句不通,白字常吐。如果浅薄者相遇,相互还不觉浅薄,但有教养、有知识的人听他们谈话,则无疑会感到不快。

粗鄙,指言语粗野,甚至污秽,满口粗话、丑话、脏话,不堪入耳。言语粗鄙是最没礼貌的,女孩一定不能说这样的话。

忌讳,是在日常生活中视为禁忌的现象、事物和行为,下面是一些重要避讳语的类型，我们女孩一定要记住：

首先是对表示恐惧事物的词的避讳。比如关于"死"的避讳语相当多，就是与"死"有关的事物也要避讳，如"棺材"说"寿材""长生板"等。其次是对谈话对方及有关人员生理缺陷的避讳。比如现在对各种有严重生理缺陷者通称为"残疾人"，是比较文雅的避讳语。最后是对道德、习俗不可公开的事物、行为的词的避讳。比如把"上厕所"叫"去洗手间"等。

你可不要小看上面提到的"四有四避"，要知道，对女孩来说，个人魅力本来就是通过自己平时的言谈举动体现出来的，我们只有做好了这些，个人魅力才能更好地显示出来。

风采展台：一颦一笑的仪表魅力

培根说："形体之美胜于颜色之美，而优雅的举止行为之美又胜于形体之美。"意思是说，优雅端庄的体态、敏捷协调的动作、优美的言语、甜蜜的微笑和具有本人特色的仪态，会给人留下美好的印象。

在日常生活中，我们女孩的一抬手一投足、一颦一笑，很大程度上反映了我们个人的素质、受教育的程度及能够被别人信任的程度。在社会交往中，有好的个人素质的人，给人一种美好、阳光的感觉。

如果一个女孩，脸长得漂亮，身材很好，衣着时髦，但这个女孩却站无站相、坐无坐相、举止忸怩、表情呆板、谈吐粗俗，则很难给人以美的感受。由此看来，女孩大方的举止比脸部美更具吸引力。

那么，女孩如何才能做到从一颦一笑、一抬手一投足的举止中展现魅力呢？这就需要我们对自己的日常姿势进行训练。

站姿

女孩优美自然的站姿能够留给人美好的印象，因为只有站姿端正，走路时才能姿态优雅。女孩的站立姿势重点在脊背。首先，抬头，颈挺直，双目向前平视，下颌微收，嘴唇微闭，面带笑容，动作平和自然。其次，躯干挺直，直立站好，身体重心应在两腿中间，防止重心偏移，做到挺胸、收腹、立腰。同时做到双肩放松，气往下压，使身体有向上拔的感觉，自然呼吸。双臂放松，自然下垂于身体两侧，手指自然弯曲。最后双腿立直，保持身体正直，两膝和脚后跟要靠紧。

站姿是生活中的静态造型，女孩站立的姿势美与不美，直接关系到自己的个人形象。所以，我们女孩的站姿一定要优美、典雅、亭亭玉立。如果哈腰驼背、腿髋打弯、腿摇、手臂乱舞，则会给人一种轻浮之感，而且也会影响身体健康。

坐姿

女孩正确规范的坐姿要求端庄而优美，给人以文雅、稳重、自然大方的美感。优雅的坐姿传递着自信、友好、热情的信息，同时也显示出高雅庄重的良好风范。正确的坐姿要求"坐如钟"，指人的坐姿像钟一般端直、平稳，当然这里的端直指上体的端直。

入座时要轻、稳、缓。走到座位前，转身后轻稳地坐下。入座时，若是裙装，应用手将裙子稍稍拢一下，不要坐下后再拉拽衣裙，那样反而不优雅了。正式场合一般从椅子的左边入座，离座时也要从椅子左边离开，这是一种礼貌。

如果椅子位置不合适，需要挪动椅子的位置，我们应当先把椅子移至欲就座处，然后入座。而坐在椅子上移动位置，是有违社交礼仪的。

在入座后，优雅的女孩仪态从容自如，嘴唇微闭，下颌微收，面容平和自然。双肩平正放松，两臂自然弯曲放在腿上，亦可放在椅子或是沙发扶手上，以自然得体为宜，掌心向下。坐在椅子上，要立腰、挺胸、上体自然挺直。双膝自然并拢，双腿正放或侧放，双脚并拢或交叠或呈"V"字形。

坐在椅子上，应至少坐满椅子的三分之二，宽座沙发则至少坐二分之一。落座后至少10分钟左右不要靠椅背，时间久了，可轻靠椅背。谈话时应根据交谈者的方位，将上体双膝侧转向交谈者，上身仍保持挺直。离座时，要自然稳当，右脚向后收半步，而后站起。

走姿

在走路时，女孩要有腰力，要有韵律感。走路时腰部松懈，会有吃重的感觉，给人以衰老之感；走路时疲疲沓沓，拖着腿更显得难看。走路的美感，在于下肢移动时与上体配合形成的一种协调、和谐，平衡对称的人体运动美。

女孩优美自然的走路姿态是：以胸带动肩，立腰提髋小腿迈，小腿迈出臀摆动，跟落掌接趾推送，双眼平视肩放松。一般人如能注意并掌握以上基本要领，走路时就会给人一种稳定、矫健、轻盈的感觉。

走路时，身体不要颠簸、摇摆，更不要摇头晃脑、左顾右盼。切忌迈八字步，如果有此毛病，请一定要纠正。要做到出步和落地时脚尖正对前方，抬头挺胸，迈步向前，穿裙子时走成一条直线，穿裤装时要走成两条直线，步幅稍微加大，才显得生动活泼。

蹲姿

在各种人体仪态中，蹲姿与站姿、坐姿及走姿既有联系又有区别。蹲姿和坐姿都由站立和行进的姿势变化而来，都处于相对静止状态。但站姿体位最高，走姿、坐姿其次，蹲姿体位最低。相对而言，站姿、坐姿及走姿适用于正式场合，而蹲姿一般适用于休闲场合。

在日常生活中，谁都有东西掉落的时候，如果自己正在公共场合，女孩就得具有优雅的蹲姿，尤其是穿着裙子的女孩更要如此。女孩正确的蹲姿应该是：下蹲时两腿紧靠，左脚掌基本着地，小腿大致垂直于地面，右脚脚跟提起，脚尖着地，微微屈膝，移低身体重心，直下腰拾取物品。

手势

手势是指人类用语言中枢建立起来的一套用手掌和手指位置、形状的特定语言系统。在日常社交中，女孩使用手势不宜过多，动作不宜过大，切忌"指手画脚""手舞足蹈"。

打招呼、致意、告别、欢呼、鼓掌属于手势范围，鼓掌的标准动作应该是用右手掌轻拍左手掌的掌心，鼓掌时不应戴手套，宜自然，切忌为掌声大而使劲鼓掌，应随自然终止。

鼓掌要热烈，但不要"忘形"，一旦忘形，鼓掌的意义就发生了质的变化而成"喝倒彩""鼓倒掌"，有起哄之嫌，这样是失礼的。注意鼓掌时尽量不要用语言配合，那是没有修养的表现。

一般认为，掌心向上的手势有诚恳、尊重他人的含义；掌心向下的手势意味着不够坦率缺乏诚意等。攥紧拳头暗示进攻和自卫，也表示愤怒。伸出手指来指点，是要引起他人的注意，含有教训人的意味。

因此，女孩在介绍某人、为某人引路指示方向、请人做某事时，应该掌心向上，以肘关节为轴，上身稍向前倾，以示尊敬。这种手势被认为是诚恳、恭敬、有礼貌的展现。

微笑

笑，是七情中的一种情感，是心理健康的一个标志。它能充分体现一个人的热情、修养和魅力。在生活中，我们面对他人时，要养成微笑的好习惯。

对女孩来说，笑也很有讲究，微笑主要是指笑不露齿，嘴角两端略提起，有时可以"露出8颗牙齿"。

在平时，我们常看到有些女孩不注意修饰自己的笑容，拉起嘴角一端微笑，使人感到虚伪；吸着鼻子冷笑，使人感到阴沉；捂着嘴笑，给人以不大方的印象。

要想笑，嘴角翘，这是公认的美的笑容，达·芬奇的名画《蒙娜丽莎》中的微笑就被誉为永恒的微笑。

美丽的笑容，犹如三月的桃花，给人以温馨甜美的感觉。发自内心的笑是快乐的。切忌皮笑肉不笑或无节制的大笑、狂笑。

总之，女孩走、站、坐姿等举止都要显示出高雅洒脱、绰约多姿，给人以美的感觉，既不要随随便便、毫不在乎，也不要缩手缩脚、拘泥小气，这样才能显出自己的魅力。

小小窍门：阳光少女的魅力绝招

不知道你发现没有，我们每个人，从小到大都是希望别人夸奖自己的，对于女孩子来说，最喜欢他人夸奖自己，说"长得美丽呀"、"漂亮呀"，如此种种。

但事实上，只有8%左右的女孩的风采来自天生丽质。而我们经常见到的那些漂亮女孩，她们之所以能给予别人美好印象，主要是后天的精心护理和良好心态的反映。那么，如果你想给别人留一个好的印象，需要怎么做呢？

呵护全身肌肤

在我们身边，真正天生丽质的女孩其实很少，漂亮的女孩主要是懂得呵护自己的肌肤，肌肤健康了，我们面对他人时，把自己最美丽的一面展现给大家了。护肤的方法主要有：

（1）彻底卸妆。清洁是最基本的美肤守则。无论选择哪一种方式，最重要的是确定脸上肌肤不残留任何彩妆和污垢。如果对传统的洗面方式不适应，那么可以试试卸妆和洗脸双效合一的洁肤化妆水。这种方法，只需要以化妆棉蘸取适量化妆水抹涂脸部就行了，也不需要再用水冲洗。

（2）果酸柔肤。经研究发现，使用果酸保养品能温和去除肌肤的角质，而且效果迅速，第一次使用就能感到明显的不同，还可以促进新陈代谢。为了保持自己的靓丽肌肤，爱美的我们可以试试这个方法哦！

（3）和防晒品交朋友。为了肌肤的美丽，作为女孩，应该学会养成出门就擦防晒品的习惯。不过，在擦防晒品的同时，还要依据不同季节选择护肤品。夏季一定要挑选有防晒功能的护肤品，才能更好地抵挡紫外线的伤害。

（4）玉颈的护理不容忽视。我们应该知道，颈部肌肤特别脆弱，如果不细心保养就非常容易出现老化的征兆。对于这部分的肌肤，每天应该以滋养乳液向上画圆圈式地按摩，同时还要注意在穿低领衣服时别忘了使用防晒品。

（5）浴后护理。当我们用热水沐浴后全身毛孔会张开，特别容易吸收养分。此时，使用保湿乳液是最合适的，因为，在沐浴后护理肌肤，可以有效地预防肌肤在冬季出现粗糙干裂的现象。

（6）塑造纤纤玉手。为了使手部肌肤更漂亮，每天在就寝前应该以护手霜滋润双手，这是最基本的护手方法。如果肌肤干燥得非常厉害，还可以敷一层厚厚的滋养霜，然后再戴着手套睡觉，第二天，手部肌肤就会非常光滑了。

（7）足下也要生辉。不知你有没有发现，我们周围喜欢穿凉鞋的人越来越多，从春夏至初秋，因为大家都觉得穿凉鞋，可以把自己的美足呈现在他人面前，这也是一种漂亮的展示。不过，在展示美足时，我们还应该注意脚部的保养，如每天都要洗脚、敷一些护肤品、勤剪脚指甲等，使脚部肌肤光洁亮丽。

呵护发丝的妙计

拥有漂亮的头发是每个女孩的梦想，但是，我们要想有漂亮的头发，就要用心呵护它们。我们的秀发更美丽，才能让自己更阳光。呵护头发的妙计有：

（1）养成用护发素的习惯。有关研究发现，护发素能够提供头发丝所需的养分，可使秀发更光彩照人。如果我们的头皮容易出油，可以使用相应的控油护发素，这样也会达到很好的效果。

（2）抑制头皮屑。对于我们来说，再时髦的发型如果上面有头皮屑，也是大煞风景的。

其实，头皮屑过多大多是因为睡眠不足造成的。要减少头皮屑，除了调整生活习惯之外，还需要使用非刺激性的、有去头皮屑配方的美发用品，同时还要多吃蔬菜和水果等食物，这些也能帮助我们减轻头皮屑的困扰。

（3）远离吹风机。这里提醒女孩的是，吹风机是摧残秀发的凶手，它会使你的头发枯黄干涩，而且难以复原。如果我们想拥有闪亮动人的秀发，一定要和吹风机保持距离。

让心絮也飞扬

除了上面介绍的方方面面，为了使自己更有魅力，我们还需要做好一些日常小事。

（1）享受美容夜。作为青春期的女孩，保养对我们也很重要，为此，应该至少隔一周选一个夜晚进行美容大扫除。具体方法是待在家中放松身心，认真清洁。从去角质开始，至滋润保湿、敷面膜全套呵护；除了使自己美丽之外，也可增加自信心和生活情趣。

（2）染发改变心情。染发可以让我们更加美丽，也能改变心情。咖啡色或偏红的暖色较适合东方人，可使偏黄肤色变得白皙；灰棕红色可使头发闪出红色光泽；而自然黑色或微蓝黑色则能让秀发更有乌黑感。

不过，对于正在上学期间的女孩来说，各种颜色的头发都比不上乌黑头发更加让自己显得阳光、大方。

（3）认识芳香疗法。实验证实，我们的嗅觉远比自己想象的丰富，为此，在适当时候，我们要学着使用香精油，这不仅能帮助我们缓解繁重的工作学习压力，舒缓身心，而且能让我们的大脑更好地休息。

再度点拨：巧妙增加魅力的方法

你知道吗？风致的女孩很有魅力。风致有一种迷人的力量，一股魅力和魔力，它在女孩身上是自然而发的，毫无半点矫饰，他人会在不知不觉中被吸引了。如果我们想成为被他人注意的阳光女孩，就需要用正确的方法巧妙地增加自己的魅力。

声音

在任何时候，与人谈话的声音一定要温柔，那么，他人将会喜欢聆听我们富于表情的声调,不管这些温馨细语的价值有多大,最重要的是要知道在什么时候应该讲话、什么时候不应该讲话。

笑容

如果我们在听到他人说笑话时,能优雅地笑,或者在一个挤满了人的地方,我们不时露出会心的微笑,都能把他人吸引住,使自己魅力四射。

秀发

我们的秀发在柔和的微风中自由飘动,或是随风散出淡淡的香气,都会让人迷醉。

眼睛

眼睛是心灵的窗口,在愉快的时候会闪亮灿烂,会传达出迷人魅力的光彩,因此,我们应该在适当的场合,用自己的眼睛去表现自己,这也是表现魅力的一种很好的办法!

鼻子

遇到愉快的事情时,把我们的鼻子轻皱一下,这个可爱的小动作,也是很有吸引力的!

服装

无论在什么场合,女孩都要穿着适合自己的服装,绝对不要穿奇装异服,或佩戴过分夸张的装饰品,这样会使人觉得庸俗,让人感觉不舒服。

注意力

能够耐心听别人说话的女孩,一般情况会得到更多人的喜爱,所以,女孩在听人说话时,要用眼睛看着对方,凝神细听。一般不要打断对方的话,这才会使对方觉得你听得很专注,对他自己讲的内容很重视,从而博得他人的好感,增加你的魅力。

步行

女孩在步行时,双手自然摆动,直线行走,能够让人感觉从容镇定,使自己别具魅力。

亲爱的朋友,你想让自己随时充满魅力吗?只要你做好以上的各项事情,就等于成功了一大半!从现在起,赶快加油吧!

穿出特色:为自己增添完美魅力

有人说,魅力十足的女孩,所到之处都会引起别人羡慕的目光。而那些朴素、平凡的女孩却把魅力看作一件奢侈品、一座不可逾越的高峰。对于这种说法,你赞同吗?

事实上,我们每个人都有自己的特色,只要我们在仪态、服装、语言、举止等方面多下功夫,就能使自己充满魅力,让大家看到我们青春靓丽的一面。

不要总跟着潮流走

在我们身边,有的女孩常常喜欢把"时代不同了"挂在嘴上,不论是穿着打扮还是言语行动,总是千方百计地把自己弄成一个"弄潮儿",生怕自己跟不上时代。

当然,女孩喜欢流行的东西并不是坏事。然而,大家一致认为女孩最应该具有美德却是古今不变的,没有所谓流行还是不流行。为此,喜欢赶时髦的女孩子也应该知道,有些东西不能追时尚、赶潮流,更不能随波逐流,要保持高尚的修养和品质,这样的女孩才有永久的魅力,永不落伍。

要适合自己

当今时代，时装界不断推出各种系列时装，又不断推出各种风格，喜欢追求时髦的女孩，经常会跟着换来换去，认为不管是否适合自己，只要是新潮便是好的。其实，对正在上学的女孩来说，服装最主要的目的是实用与区别身份，夏天要穿浅色质薄的衣服，而冬天的服装则以保暖为主。所以，女孩在选择服装上，应以自然、生动、合体为第一要素，而那些盲目追赶时髦的穿着，不仅浪费金钱，也容易引起相反的效果。

自然、协调

美是一个整体概念，正所谓"美在整体，美在协调"。如果搭配不协调、不合理就会显得不伦不类，甚至会引来他人的嘲笑与讥讽。比如穿着全套的牛仔装，却别着极贵重的胸针，或者穿着正式的礼服，却戴着一条牛仔项链。也许有人觉得这样的装饰能使自己显得特殊而与众不同，但是，往往我们也会因为这个小小的不同，而招来他人嘲笑的目光。

懂得打扮自己的女孩，她的穿着一定是自然而协调的。大到衣服的色彩，小至装饰品的搭配，使人一看就觉得漂亮而舒服。如果找不到合适的饰物，那就宁缺毋滥，否则效果会适得其反。

简单就是美

作为在校学生，可以穿简单的白衬衫、蓝裙子，这样看起来也许像校服，但穿着这样的服饰，仪态优美地走在街上，照样能吸引许多赞赏的目光。

这其实是青春女孩最基本的穿衣哲学，不用任何装饰品，不用五彩缤纷的颜色，本着"简单就是美"的原则，发挥自己本身的自然魅力。我们应该相信，纯洁的打扮是持久的、耐看的。

为此，在日常生活中，不管我们如何打扮、修饰，一定要注意不要遮盖、掩饰我们女孩特有的蓬勃向上的青春朝气,并且尽量让它自然而完全地流露在自己一举手一投足之间。

当我们做到以上事项,魅力十足的我们,就自然而然地阳光起来了。

展示自信:活出自己的精彩

有的女孩对自己缺乏信心,总认为别人比自己强,看到别的女孩学业上搞得轰轰烈烈,自己只有在一旁叹气或自我安慰地说:"反正我做不到,我天生就笨。"

其实,这种观念是错误的,我们不能长他人志气,灭自己威风。要知道,每个人都有较强的一面及较弱的一面,我们不应该羡慕别人的成就。也许我们的性格不适合做一名学者或企业家,但也许我们能成为一名优秀的秘书,或是理家能手,这也是值得骄傲的。

对我们来说,最怕的是还没有尝试,就说"反正我不能……"那么,我们就只好一辈子缩在角落里叹息,眼睁睁看着别人成功,自己却一事无成。所以,从现在起,我们不要再说"我不能……"而要告诉自己"我能"并付出实际行动。这样一来,在以后的日子里,我们就会变得和别人一样优秀了!不信的话,可以立即试试看哦!

适当使用感叹词

"哦!好厉害呀!""啊,酷死啦!""真可怕!"这些都是女孩说话时,常会冒出来的感叹词。当然这属于一种情感洋溢的表现,不过,如果听多了,也会让人觉得厌烦,也显得说话的人幼稚,而且说话语调平淡,不易引起对方的兴趣。

有时我们添加一些感叹词就能调节彼此之间谈话的气氛,但应适可而止。过多的感叹词，达不到我们想要的效果，使对方不能分辨我们的意思。像"冷呀""热呀"这些极平常的话，如果再说"好冷呀""好热呀"，似乎会显得很无聊，这时应深入思考一下，动动脑筋，变换另一种说法，使之成为富有诗意的句子。

谈话多考虑他人

当我们在与人交谈时，除非对方谈话的内容很令人感兴趣，否则一个人听别人谈话时，忍耐力只有几分钟。超过这个时限，人就会表现出不耐烦，并希望对方赶快结束冗长的废话的情绪。

其实，几分钟是非常短暂的，如果一个人说话不懂谈话的技巧，就会使人觉得难以忍受。当然，在谈话的时候应该尽量符合对方的心思，尽量讲与对方有关的内容，就能引起对方的兴趣，使谈话充满愉快轻松的气氛。快说完话时，还可以加一句"你觉得如何呢"表示自己很尊重对方的意见。当然，在选择话题时，最好是选择较为轻松愉快的话题。

说话要清晰流畅

在和人交谈时，我们要控制说话语速，也就是说话不要太快，太快会降低说话内容的可信度。说话是一门艺术，不但要让人听懂，还要让人听得舒服、轻松。所以，要经常练习口唇开启、咬合的正确方式，吐字要清晰流畅。嗓音不可太高，速度不要太快，再加点表情或手势就更完美了。

要多结交好朋友

交朋友是生活中的大事，一个没有朋友的人是不会快乐的。但在交朋友之前，我们要先观察这个人的品德如何，对这个人有个大体的把握，否则结交的朋友不但对我们无益，还可能跟着他们学坏。

对女孩来说，同性的朋友像一面镜子，如果朋友的仪态、性格等比自己强，我们便可以向朋友学习，吸收她们的好处。如果是要结交异性朋友，我们可以从他们身上学到许多新知识。

常变换生活方式

上学、做作业是所有校园女孩生活的基本模式，是不是这种生活方式太过于单调了呢？

周末可是属于我们自己的时间，得好好利用。我们可以趁着这宝贵的两天，做一些有趣的并且是新奇的事。有的女孩因为平常起得太早，周末的早晨干脆来个蒙头大睡，那多可惜呀！可以起个大早，约几个朋友，到郊外去爬山。

可以约几个闺密看一场向往已久的电影大片，不是很惬意吗？也可以利用星期天，到敬老院去，探视那些年迈的孤身老人，和他们谈一谈，从那里，我们也可以领悟到一些人生的意义。在这个世界上，到处都有值得我们去探讨的地方，到时候，我们将会发现人生是很美丽、很有意义的。

要随时展露微笑

要使自己能经常地展露微笑，保持心情愉快是最好的方法。对我们的同学、朋友乃至于不相识的人，我们都应该随时展露自己发自内心的微笑，但不要笑得过火。微笑是最好的妙方，它能解除人与人之间的误会，化戾气为祥和。

要有自己的主见

在生活中，有相当一部分女孩缺乏自信心，独立性差，遇到事情总喜欢受他人支配，但事后却禁不住后悔。当然，在生活中，我们有时确实需要接受别人的建议，但毕竟自己才是当事人，事情的后果要自己承担，所以不论是好是坏，最重要的还是自己要有主见。

比如，有些女孩在饭店吃饭，手上拿着菜单，却无法决定吃什么，只能看别人点什么，自己也依样画葫芦。殊不知，各人有各人的口味，我们何不把饭店当成一座大森林，菜单当成地图，拿出勇气来征服森林，这样就能逐渐熟悉菜品，且享受到在饭店吃饭的乐趣了。

表现十足女孩味

女孩味十足的女孩特别容易获得人们的青睐。正值青春的我们，就要有女孩的风姿、女孩的色彩。女孩之所以与男孩不同，就在于女孩特有的柔与媚，这也是女孩应该珍惜自己的特质。在我们女孩的身上应该随时可以体现这些特质，这也是女孩本身的魅力所在。

再度考验：你知道自己的魅力吗

作为女孩，你清楚自己的魅力所在吗？如果你想知道自己的潜在魅力，你可以做一做以下的测试。

1. 当你在朋友家享受了十分美味的饭菜，你是否会询问烹调方法？

  A. 不会的。菜肴对于我来说，仅仅是用来品尝的。

  B. 一边说"真好吃"，一边问一下做法，但并不做记录。

  C. 详细记下烹制方法，回家后自己也做一做。

2. 朋友穿了一件并不怎么合体的服装。当她问："这件衣服还挺合适吧？"你会如何作答？

  A. 虚伪地说："真棒！"

  B. 老实说："有点不合适。"

  C. 支支吾吾，说不出个所以然来。

3. 买东西找钱时，一枚1元硬币掉进桌缝里，你会怎么做？

A. 不理会。

B. 用手掏出来。

C. 对店员说明。

4. 白天大商场里的快餐店十分拥挤，你要的是咖喱饭却上了盘牛肉饭，你会如何处理？

A. 就当要了份牛肉饭。

B. 说一声："一定是太忙，把牛肉饭当成咖喱饭上了。"但并不计较，仍然吃掉牛肉饭。

C. 招呼店员给换成咖喱饭。

5. 下电车时，你被一个老人撞了一下，手中的鸡蛋掉到了地上。老人问："摔碎了吗？"此时你怎么回答？

A. "没关系。"

B. 默不作声。

C. "摔碎了，怎么办？"

6. 去卡拉OK厅玩时，朋友说："唱个歌吧。"你怎么办？

A. 随即应允。

B. 稍等一会儿再唱。

C. 拒绝。

7. 给朋友打电话时那边正占线，你会过多长时间再给对方打电话？

A. 即刻再打。

B. 3分钟后。

C. 10分钟以后。

8. 在图书馆浏览杂志时，发现了十分感兴趣的文章，你会怎么办？

A. 马上记录下来。

B. 把那篇文章看完。

C. 把那期杂志借回去阅读。

9. 在面馆吃面时,发现面中有一根头发,也有可能是自己的,此时你会怎么做?

A. 不吃了。

B. 只扔掉头发。

C. 招呼店员并让他们再换一碗面。

10. 面前有很大的一块肉,你会怎样把它吃掉?

A. 全部用刀切成块后一块块吃。

B. 边切边吃。

C. 切上一半再吃。

11. 当异性朋友邀请你去欣赏你并不喜欢的戏剧时,你会怎么办?

A. 拒绝他,去其他的地方。

B. 虽不想去,但没有说出自己的真实意愿。

C. 说:"虽然我不喜欢,但只要你喜欢,我就去。"

12. 你和异性朋友约会或吃饭时,会说多少话?

A. 静默不语,只听他说。

B. 你说的时候居多。

C. 二人谈话居多。

答案及得分表：

题号	1	2	3	4	5	6	7	8	9	10	11	12
A	5	1	1	1	1	5	5	1	1	5	5	1
B	3	5	3	3	3	3	3	5	3	1	1	5
C	1	3	5	5	5	1	1	3	5	3	3	3

结果论述如下：

15～21分→纯情朴素型：

你的魅力就是清纯与天真。你像少女一般纯洁无瑕，从不说怀疑别人、让人讨厌的话。即使遇到痛苦的事情，或受困扰的时候，你也会一味忍耐，不轻易表露。即使倍感寂寞，你也会故作开朗。

22～31分→气质高雅型：

你言行举止稳重适度，讨人欢喜。虽然并没有谁指导你，但你身上自然地散发着高雅的气质，无论是你的笑容、表情，还是平时的姿态都是如此。不仅这样，你具有常人所不具备的活力，你绝不会伤害别人，感情也不轻易外露。你恪守着平静而不奢求的生活信条，这就是你的魅力所在。

32～41分→认真努力型：

刻苦、认真是你的魅力之源。你从不做牵强的事，并能认真完成领导交给自己的每一项任务。你同别人的交往总是很得体。做一件事时，即使遇到困难，你也会坚持不懈将它出色地完成。你不爱出风头，反而更注重脚踏实地的朴素生活。与你交往的人，最初也许会感到无聊，但时间一长，他们就会了解你的可贵之处。

42～51分→积极行动型：

你是个大无畏的人。你往往知难而进，最讨厌消极退避，你渴望与困难做斗争。有求于你的人一定不少，与你在一起就会感到干劲十足的人也很多。你的魅力就是你的勇气，就是遇到失败而不退缩的精神。

52~60分→独特个性型：

你的想象力大大超过一般人，不愿与他们为伍，讨厌过平凡的生活。虽然你有时也因为抗争而招来非议，但你从不放弃自己的意见。你珍惜梦与理想，严格要求自己、好胜。比起异性来，你更受同性的青睐和依赖。你是个以诚相待的人。你天生就具有领导的潜能。

第二章　美眉加油站

容貌是天生的，但自身的韵味却是靠后天塑造的。如果我们能将得体的穿着和打扮融入我们的生活中，我们就可能成为韵味十足的漂亮美眉，一起加油吧！

成长仪式：少女胸脯挺起来

前面我们已经知道，乳房发育是我们女孩的第二性征之一，它的发育直接受性腺等内分泌腺及身体健康状况和精神因素的影响。

在我们的周围，有很多女孩在青春期乳房刚发育时，因为害羞或者缺乏常识，喜欢穿很紧身的内衣，其实这是不对的。这样只会束缚我们的胸部发育，让自己未来的胸部变得扁平，从而使形体美出现缺陷。

下面向大家介绍一下养护自己胸部的知识，让我们的胸部挺起来，这样，我们走在人群中，就会成为一道美丽的风景线，让自己青春靓丽，充满阳光！

正确选择文胸

一般来说，女孩子到了十六七岁，用软尺测量乳房上底部经乳头到乳房下底部的距离，如果大于16厘米，就可以戴文胸了。

选购文胸时应以舒适为原则。文胸的主要作用是支撑和保护乳房，因此，在选购和佩戴时一定要以合体、舒适为主，也就是紧裹乳房，但不感到压迫，也不觉得松弛为原则。

现代生活中，女孩的文胸款式很多，有宽背带、细背带、大背带及背心式等多种。

对我们来说，穿戴较细背带式的文胸，会显得窈窕健康。同时，海绵文胸的使用也要因人而异。假若我们的乳房长得不丰满，或左右乳房的大小明显不对称，可选用衬有海绵的突型文胸。

正确佩戴文胸

为了我们胸部的正常发育，在睡觉时，我们要松开文胸或者摘掉文胸，这样可以避免胸部持续受到紧压而产生不适感，而且也有利于夜间呼吸和血液循环。

随着季节的变换，我们在选择文胸的面料时也应当注意。夏日出汗较多，应穿戴纯棉、漂白布或府绸布面料的文胸；春秋季节可穿戴涤纶面料的文胸；冬天宜戴较厚实的或衬有海绵的文胸。

注意饮食调理

进入青春期的女孩，为了让自己的胸部更完美，还需要在饮食方面加以注意。

首先，要多吃一些热量高的食物，如蛋类、瘦肉、花生、核桃、芝麻、豆类、植物油类等，这些食物可以使瘦弱的女孩变得丰满，同时乳房也由于脂肪的积蓄而变得丰满而富有弹性。

其次，要补充一些维生素B，维生素B有助于激素合成，它存在于粗粮、豆类、牛乳、牛肉等食物中。因为内分泌激素在乳房发育和维持过程中起着重要的作用，雌性激素使乳腺管日益增长，黄体酮使乳腺管不断分枝，形成乳腺小管。

最后，在平时还要注意乳房的卫生，保障乳房的正常发育，预防乳房疾病，加强身体锻炼。

特别点拨：让你更靓的打扮

你有没有想过，我们女孩要怎样打扮才显得更靓丽、更阳光呢？其实，不同的人，有着不同的体型、身段，女孩都喜欢衣裙合身，但是合身并不一定能体现出美。有的人体型、身段不够匀称，追求合身反而暴露了缺陷。如何通过穿着来扬长避短，给人以一种美感，这也是一种学问。

按体型打扮

一般说来，女孩的体型是千差万别的。但是，基本上可归结为4种类型："8"字形、"▽"字形、"△"字形、"□"字形。

"8"字形是一种标准完美的体型，这类女孩线条优美，体态窈窕，体现了和谐美、匀称美、艺术美。"8"字形体型的女孩无论穿哪种款式的衣裙，都显得高雅妩媚、仪态万千。

"▽"字形体型的女孩，上身浑厚，胸部过于丰满，肩胛较宽，胳膊粗。相比之下，臀部和大腿略嫌消瘦。这种体型的女孩，在挑选衣裙时，要避免别人的注意力集中到上身，如羊毛衫前面不宜绣花，衬衫前胸不宜装贴袋。挑选连衣裙时，不宜挑选大翻领、蓬蓬袖等一类的款式，因为大翻领会使胸部更加突出，蓬蓬袖会使肩胛更显得宽厚。不妨试一试上身穿一件深色的男式领衬衫，衬衫领要尖而窄；下身着淡色的细褶裙子，这样，会给人一种比例协调、潇洒怡人的感觉。

"△"字形体型的女孩，重量集中在腰部以下，臀部宽大，腹部突出，大腿较粗，相比之下，上身显得单薄。如果上身穿紧身短夹克衫，下身配以宽阔的横条裙子，就会更加突出腹部和臀部的弱点。应该把重点放在上身，例如选择一条质地柔软、线条柔和、色彩纯实的长摆裙或喇叭裙，配上一件淡色的宽松的蓬蓬袖丝绸衬衫，并配一根窄窄的皮带。这样，就会给人焕然一新的感觉，显得体态匀称、风度翩翩。

"口"字形体型的女孩，上下平直，腰身粗壮，缺乏线条，怎样才能给人一种纤细修长、线条起伏的感觉呢？这种体型的女孩最重要的是避免直筒腰身的弱点。可以选用色彩对比强烈的线条衬衫，配一条深色牛仔裤，再束上一根宽宽的黑腰带，就会消除没有腰身的感觉，显得轻巧、洒脱，让人看着更加魅力、阳光了。

按季节打扮

女孩在选择衣服时，除了要根据自己的体型挑衣服，还要根据季节选衣服。

炎炎夏日，最怕的便是烦琐。当我们穿起宽宽松松的圆领T恤衫，配上干净的牛仔短裤时，整个人会显得非常轻松。如此一身，利落、明快，会带给人一种从从容容的感觉。也许在风儿把T恤衫吹得摇摇摆摆时，也不经意地把靓丽的朝气吹了出来。

当然，如果穿素色小碎花有可爱花边的连衣裙，与朋友逛街，毫无倦意地笑着、说着，那么从路人眼中，我们也会感觉到这一身打扮的确好青春！

如果自己是偏瘦体型，可以选择宽松的衣服。当红红黄黄的落叶漫天飞舞时，我们穿一条牛仔裤和一件浅色宽大的圆摆长袖衬衣，走在落叶上踩出一阵"吱吱"声，此时，青春的随意会把秋天的伤感冲淡。

在寒冷的季节里，我们可以选择一条深色宽松的牛仔裤、裹一件粉红过膝的羽绒服，尽管臃肿得像只大狗熊，但我们可以在雪地上狠狠踩上几脚，留下一点青春的印记。

当冬天过去，又到春暖花开时，我们便又可以淋漓尽致地展现青春了。穿上荷叶边的白色长裙，会忍不住转上几圈。或者在白衬衫外披一件宽大的粉红亚麻外套，伫立风中，有一种飘逸的风采……

总之，对我们女孩来说，穿衣不能呆板，也没有固定的模式，不管穿什么，只要能穿出我们的青春本色就好。

人要衣装：穿出自己的风格

俗话说："人要衣装，佛要金装。"由此可以看出，不管什么人，装扮都是非常重要的。对于女孩子来说，用穿着来改变自己的形象是十分必要的。为此，我们需要根据自己的体型特征，选择适合自己的服装款式，才能获得最佳的效果。

矮个子

对矮个子的女孩来说，我们的服装设计要相对简洁，不要太复杂，而应简单、大方。

如果矮个子女孩穿上大花型或宽条子服装，会使人产生混乱的感觉，而使人显得更矮。因此，矮个子女孩的服装最好采用简单的竖线设计，而且上下颜色要基本一致。

短颈者

短颈的女孩可以利用敞开的领口露出前胸的一小部分，最好选择V形领或纽扣少的上衣，这样从下颌底部到锁骨中间的距离在领口中就会加长，从而使颈部显得长些，掩饰了颈短的不足。同时，短颈女孩不要选择将身体和颈部截然分开的服装。

有的女孩用高领的衬衫或毛衣来衬托自己的颈部，以为这样会使自己的颈部显得长些，这种做法其实是错误的，因为高领只是相应地增加了颈部的宽度，却并没有使颈部显长。因此，短颈女孩最好选择不增加颈部体积的服装。

长颈者

颈部较长通常会被认为是一种美，这样的女孩也通常被认为能够驾驭各种样式的服装。其实，从美观上来说，领围十分宽松的高领和高而紧的领型对她们更为适宜。这类款式的服装在平时可选用其中之一，也可两者并用。在薄薄的高而紧的高领毛衣外，可穿一件其他颜色的领围宽大的高领毛衣。但要避免穿盆领服装，以免使颈部显得过长。与袒领或紧领围的款式相比，"一"字领型对于长颈者也较为适宜。

宽肩者

我们的肩部各有不同，有宽肩、有窄肩，也有斜肩和平肩。肩的宽度直接影响我们对服装样式的选择。宽肩者本来是美观大方的，但肩如果太宽，也会影响形体的美。要减小肩部的宽度，最好采用袖缝直至领基部的套袖式服装，也可选用V形领，这样在颈部延长的同时，肩也会显得窄些。

窄肩者

对于整个体型比较瘦小的女孩来说，窄肩是很自然的，但对于上窄下宽的体型，窄肩便是一个弱点，如果我们想弥补这一点，理想的方法之一就是借助于服装来增加上部的宽度。同时，我们可以选择穿"一"字领、宽松有垫肩的服装。因为，"一"字领会产生一条横越双肩的水平线，容易给人肩部增宽的感觉。

斜肩者

斜肩女孩选择在肩头处打些皱褶的款式效果更佳，平时不要戴尺寸过大的领结或珠宝饰物，因为它们可能使肩部显得更小。同时，也不要过分地渲染围巾和衣领，这会增加颈部的体积，使肩部显得更倾斜。斜肩女孩，可根据自己的体型特制服装加垫肩，也能达到增加平肩的效果。

大胸围

胸部丰满的女孩富有女性的曲线美。但如果是身体矮小，胸部又在身体中占绝对优势的话，就应避免使躯干变短的服装款式。服装上的腰带就属于这个范围，要使丰满的胸部变得小一些，上衣就不应太紧，而且款式简单，最好没有上兜。

小胸围

对于胸部较平的女孩，要想使胸部显得丰满些，简单的办法是选择上部紧身和质地柔软的服装，较宽大的外衣应在肩部和胸部两侧加褶裥。

细腰围

腰围的基本类型分四种，即细、粗、高、低。对女孩来说，细腰围的女孩最美。为了突出这个部位的美，我们应把漂亮、有趣的腰带作为自己全身服装中亮眼的一部分。服装最好在腰围处适当收拢一些。裤子与裙子以紧腰身款式为宜。

粗腰围

粗腰围女孩在穿着服装方面并无多大难处，只要注意不突出腰围部分就可以了，基本方法是，穿着腰围处不过分绷紧的或有助于掩饰粗腰围这一弱点的服装，如背心、套衫、开衫等。

短腰者

短腰女孩不要穿腰部有带或褶的衣服，因为腰带的宽度占去了腰以上不小的面积，恰恰会使躯干显得更短。一般而言，短腰女孩穿裤子比裙子更漂亮，裙子会使躯干变短，裤子的立裆不应太长。

臀部较小

臀部较小的女孩不宜穿紧身的裤子，而应着有皱裥的宽上衣以转移人们对自己弱点的注意，并能产生一个上下身较相称的外形。同时，这类女孩穿着略暗颜色的衣服比明亮色的衣服更为适合。

你可别小看服饰搭配，其实穿衣服也是有技巧的，如果能根据自己的体型穿出自己的风格，我们也能成为大方阳光的女孩。

整体展现：穿着美的综合体现

人人都知道，女孩是最喜欢打扮的。但是，作为女孩，我们也应该知道，穿衣服也是有学问的。同一个人穿上不同的服装，会给人不同的感觉。衣服式样大方、得体，颜色适宜，会使人变得精神、典雅。

有的人，虽然服装式样时髦，颜色鲜艳、漂亮，但穿在身上，总让人感到不舒服。同一件服装，穿在不同的人身上，也会有不同的效果，这就是说，选择什么样的服装，要根据我们的年龄、脸型、体型以及内在气质来决定。

女孩要穿得合适、漂亮，应该根据自身的条件来选择服装。扬长避短，巧妙地利用服装不同的款式、色彩、图案、点线等，来打扮自己。

同时也应注意服装与鞋、帽、袜子、腰带、手套、提包、胸花、领花、首饰等的搭配，整体和谐，突出重点，相互映衬，才能成为大家瞩目的阳光女孩。

在现代生活中，有些人刻意打扮自己，看见人家穿什么衣服好看，自己也要跟着穿，但穿上其实并不好看。

穿衣的学问，用科学的语言讲，就是服装美学。服装美学是由造型、色彩、装饰、功能、材料、加工等多种因素组成的。下面就一起来了解一下这其中的奥秘吧！

气质

在服装美学诸因素中，我们的内在气质、思想、文化素养是最关键的因素。因为这决定了我们选择什么颜色、什么布料，以及什么样式的服装。文化素养低，必然缺乏高雅的审美情趣。

因此，要想使自己穿着漂亮，我们首先要提高自己的审美情趣，提高自己的思想和文化素养，这无形中就增加了内在美的魅力。有了内在气质的美，不管是穿华丽的高档服装，还是穿淡雅的普通服装，都会使人感到得体、美丽。

外形

这里说的外形就是风度、仪表、姿态，"风度翩翩"等词都是用来形容我们的举止、姿态的。我们的容貌是先天的，当然有些缺陷是可以后天矫正、美化的，而举止、姿态和仪表，都是后天培养出来的。

举止洒脱，仪表整洁，会给人有教养的感觉，而这些仪表与得体、大方的服装融为一体，形成外在的形象，给人"风度翩翩"的美感，这就是外形美，也同样反映一个人的内心世界、品格和修养。

色彩

物体的颜色，是我们最常见的。热爱生活，热爱各种美丽的颜色，是我们的天性。当然不同时期、不同地区，服装流行的色彩不同，而色彩对服装制作也起着决定性的作用。这就是为什么很多地区经常发布服装流行色的缘故。

造型

服装的造型就是我们常说的服装款式。服装的造型，基本上是按长方形、正三角形、倒三角形、曲线形的规律进行的。要求造型美要服务于人体美，通过各种块片的拼接和缝制、装饰线的摆布等方面突出人体美。

配件

俗话说"青枝绿叶配红花"，一件美丽的服装是人的外形美的主体饰物，但还必须有适当的鞋、帽、围巾、袜子、扣子及其他穿戴用品相配，在颜色、式样、质地上与服装协调统一起来，才能烘托出服装及人的美丽。

材料

材料是构成服装的最基本的要素，也是服装美学的基本条件。在服装的总体效果中起着十分重要的作用。面料由于织物的不同及编织加工的方法不同会产生各种变化，如出现轻重感、厚薄感、软硬感、粗细感、凸凹感、光泽感等。

这些不同的感觉直接影响服装的艺术效果，充分地利用它们，对于千变万化的服装款式及各种独特的服装风格起着重要的作用。

技巧

技巧是指加工制作工艺中对美的讲究。一件衣服通过测体、裁剪、缝合等工艺来完成，在服装确定之后，关键就是缝制。如果缝制得好，就能使服装增添美感和高贵感，所谓"三分裁，七分做"就是这个道理。

化妆

穿上一件美丽的服装，化妆就显得很重要，如果蓬头垢面，美丽的服装也将黯然失色。因此，化妆是十分必要的，同时也是一个人的文化素养和审美趣味的反映。整理发型、修面、修剪指甲当然是必不可少的，脸部是否化妆，淡妆还是浓妆，这就要根据年龄、身份和场合来确定了。

款式

在生活中，我们的衣服款式和颜色经常变化，构成了不同时期的流行服装。流行的时尚，对整个社会服装的变化起到一个引导的作用。一般说来，流行形成一股潮流，达到高峰后，又会向前发展变化，形成新的潮流。

虽然服装的变化不外是长了短、短了长，肥了瘦、瘦了肥之类，但长短肥瘦的变化却大有讲究，总会有新的内容，也往往体现了社会和时代的变化。服装当然不必过于追求时髦，但是适当讲点时尚，使服装不断地有点新意，也会使人经常保持积极愉快的精神。

美的源泉：穿衣打扮产生的美感

会打扮的人，不需要太多的装饰品就能把自己打扮得美丽大方。那么，我们应该怎么穿衣打扮，才能使自己产生美感而不落伍呢？

服装样式讲究造型美

你知道吗？在穿衣服上，我们可以通过衣服的样式、颜色尽量使自己的长处得到发挥，缺陷得到弥补。如瘦削的人可以穿宽松的羊毛衫、羊绒衫配窄裤，或穿颜色鲜艳、大花朵的衣服，黑色或暗褐色会使其看来更加瘦削，穿窄裙子只会显得臀部更窄，而宽大的上衣会掩饰并不丰满的上身。总之，瘦人不适合穿露肩、袒胸、紧身的衣服。

对于身材肥胖的女孩来说，简单最为重要，不要穿有花边的衣服，不要穿宽裙子或褶裙，不要穿白衣裳、方格子和横格子衣服，这些衣服会使人显得更加肥胖。但如果选择穿长条和直线的衣服则会使线条显得苗条些。

假如你的个子瘦高，可以穿大格子外套或长毛绒的衣服。由于你的腿很长，所以宜穿织有花纹的长袜，提大包，那样看起来平衡些。

另外，选择领型也不要与脸型重叠。如瓜子脸型的人宜穿圆领和方领的衣服，如穿尖领衣服，会使你的脸更尖；方脸型的人宜穿V形领和圆领；圆脸型的人宜穿尖领或方领型衣服，这样可以使你的脸型感觉长一些，从而弥补脸型的缺陷。

与身份和性格相宜

学生的服装要反映学生朴实上进、整洁文雅、明快活泼的特点，如果穿得珠光宝气，像个"阔佬""阔姐"，势必给人以浮华的感觉，给人留下不好的印象。

另外，穿衣打扮还要反映性别的差异。男装应衬托出男子汉的雄健、洒脱和力度；女装要显示出女性的漂亮、曲线柔美、温柔。如果不考虑男女的生理因素，盲目地猎奇，就会显得不伦不类、不男不女。

服装颜色要协调

颜色作用于人的感官，有一定的象征意义。红色热烈豪迈，绿色优雅洒脱，黄色显得高贵豪华，蓝色深沉冷静，白色纯洁轻快，黑色庄重神秘等。

作为青春少女，我们的服装应力求活泼有生气，讲究鲜艳、协调。忌讳有三：

一是全身衣服的色调不要超过3种，五颜六色集于一身，会显得零乱、刺眼，给人不舒服的感觉；

二是不要黑、蓝、灰的"清一色"，这样给人的感觉会显得呆板、毫无生气；

三是不要比色失调，如红与绿、蓝与橙、紫与黄，显得不协调。

再者，我们选衣服一定要根据自己的特点，不可"东施效颦"，盲目仿效他人，要注意与环境场合相协调。

总之，在衣着审美上，我们应记住达·芬奇的一句名言："你不见美貌的青年穿戴过分而折损了他的美吗？你不见山村妇女穿着朴实无华的衣服反比盛装的妇女美得多吗？"

七分打扮：注意点点滴滴装饰美

进入21世纪，随着我们衣着服装的多样化，现代的阳光女孩越来越重视服装的整体美。不过，在我们身边，也有不少女孩的装扮会给人以不伦不类的感觉。那么，生活在当下的我们，应该怎么办呢？这就需要我们多学点装饰技巧，才能使自己的装扮达到最好效果。而当我们装饰得恰到好处时，也就离我们成为阳光女孩不远了。

领口的装饰

首先来说领口的装饰，一般说来，我们衣服的领口应与全身特别是胸部的装饰统一协调，最好是朴实无华，不加修饰。也可以绣上各种图案，或镶牙线、绣边、加荷叶边，还可以加金银线或装闪光片等，要根据不同种类的服装、不同造型的领子来选择领口的装饰。

胸部的装饰

领口和胸部是服装装饰的重点，胸饰和领饰一样，方法和种类繁多。如有设计出某种图案、刺绣或印染的，有使用鲜花或版花的，有镶上闪光物品的，有使用绶带的，还有拉上一条配色斜线的。在设计胸饰时，往往与领口结合起来，在造型、颜色上取得协调。有的饰物既是领饰又是胸饰，如放射性斜线，可从领口直达胸部。使用披肩时往往也是从领口至胸部的，这里就不一一介绍了。

腰饰

在我国，古代人的腰部装饰是很讲究的，皇帝就经常赐给臣下玉带，所谓玉带就是镶有美玉的腰带。古人还常常在腰带上系以玉佩穗络，打上花结作为腰饰的附着物。腰带本身也有绣花及质料的不同。

作为现代的青春女孩，我们的腰饰，花色品种要多得多，有皮革的、帆布的、布的、丝绸的、镀金的、镀银的。在造型上有宽有窄，还有与衣服身材相适应的各种腰带。

下衣的装饰

下衣一般是指大衣的下摆、裤子和裙子。对我们女孩来说，大衣的下摆，应根据整个大衣的情况来设计，一般很少使用装饰物，最多是镶边。裤子的装饰也较少，但有时可绣上花。特别是睡裤，装饰应当更加秀美些，有的还可镂空，吊上穗络。

裙子的装饰，花样较多，除可以在造型上及结构上下功夫外，还可以采取多种手段装饰。可以绣边、绣花、印边、印花，可以用异色在裙面上扎上斜线条纹，可以花边、荷叶边、闪光片装饰，也可以利用线缝迹作为装饰。如果是连衣裙，上下之间还应注意和谐一致。

服装整体装饰

有些时候，我们还要讲究对服装整体的装饰，可以设计协调全身上下的刺绣或印染的图案；也可以在服装的边缘或其他地方镶上各种花边；还可以使用闪光片、荷叶边等饰物；各种质量不同、造型各异的纽扣，对衣服的整体也能起到良好的装饰作用。

点击时尚：装饰物为你的魅力加分

进入21世纪，年轻一代的我们，服装当然也要是最美的！如果你确实没有值得让自己骄傲的衣服，那么只需用不多的花费添置一两件极具流行势头的小饰物，照样能让你出类拔萃、青春美丽，成为一个有很高回头率的阳光女孩！

帽子

你是一个喜欢戴帽子的女孩吗？帽子也是一个很好的装饰物哦！就我们当前流行的帽子类型来看，现代女孩帽子的质地以透气、柔软而不失质感为佳，颜色以白色、红色、米色、深蓝色和格子较为流行。

充满活力的运动女孩可以选择运动帽或线条简洁的单色遮阳帽；个性突出的女孩子可以选择牛仔布、印花布等别致的面料制成的帽子。

手提袋

也许，在空闲的时候，你喜欢换上一袭漂亮的长裙，约几个好朋友一起去逛街，当然，这是现代可爱的阳光女孩们最喜欢做的事了。但这时，如果你的裙子上面没有口袋，那么，想一想，你的钱包、太阳镜、钥匙、面巾纸等小玩意儿该放在哪里呢？

为此，我们何不自己动手来做个休闲的手提袋，不就什么问题都解决了吗？

具体做法是这样的：

第一步，用一块与裙子质料相同的剩余布料，或者与其颜色相配质地柔软的布料，剪下长约40厘米、宽约25厘米的一块，反面朝外对折。

第二步，对拆后在反面将左右两侧缝合起来，针脚千万不能太大。再把上端开口处的毛边向下翻折5厘米左右，缝好。

第三步，在开口向下翻折的部分等距离地剪开4个小口子，用做纽扣洞的方法将口子开阔。

第四步，再剪两条长约40厘米、宽约2厘米的布料，一折三后分别缝成布带。

第五步，将布带穿好，两端打上结，反面也一样。

第六步，把整个袋子翻过来，正面向外，抽紧两根布带，就成了一个既漂亮又实用的小小休闲手袋。

此外，你还可以根据不同的需要裁剪、缝制不同尺寸的手袋，也可以按照自己的喜好缝上一些花边、蝴蝶结、缎带玫瑰做点缀。

半筒袜

在夏日里，选择单色或条纹的半筒袜会显得十分时髦，用来配短裙或及膝裙更是恰到好处，这种长度到小腿中部的袜子用来搭配多款鞋子都会很好看。

购买这种袜子时，我们应挑选质地柔软，且足尖和后跟有所加厚的，这样的袜子较为耐穿，可以让我们的投资更为值得。

个性饰物

一件或古朴、或可爱、或时尚、散发着韵味的饰物，会对你的服装起画龙点睛的作用。

只要搭配得宜，一件饰物的作用甚至可以超过一袭华美的新衣，但若搭配不妥，饰物也可能成为全身最大的败笔。以上花钱不多的饰物，点缀得体，只要你合理搭配，定会使自己更加靓丽。

靓丽检测：你属于哪类穿着风格

作为一个21世纪的女生，你知道自己的穿着风格属于什么类型吗？以下的测试题能帮你更加了解自己。

1. 你经常穿着的服装款式是？
A. 不配套的，舒适而又职业化的女装。
B. 剪裁合体、风格古典的套装。
C. 线条更柔和的，曲线感强的服装。
D. 时髦的、大胆的、有力量感的式样。
E. 得体而出人意料的组合搭配服装。
F. 品质上乘的、高贵的混合色服装。
G. 有曲线的、小圆领的服装。
H. 立领式的、线条简洁的服装。

2. 你周末经常穿着的服装款式是？
A. 运动服或者休闲服。
B. 适用多种场合的高品质的裙子和毛衣。
C. 柔和的衣服，如飘逸的裙子和漂亮的衬衫。
D. 最新的时装，如超大夹克配引人注意的饰物。
E. 具有时尚个性的、不落俗套的款式。
F. 柔软的毛衣，飘逸的长裙。
G. 碎花连衣裙。

H. 衬衣、小夹克或短裤。

3. 你经常梳的发型是?

A. 随意的像风吹过的发型。

B. 紧束的、整洁的而又不太拘谨的发型。

C. 柔和的大波浪长卷发。

D. 成熟、夸张的发型。

E. 既时尚又个性的漂亮发型。

F. 卷曲、柔和的烫发。

G. 小碎卷,别两个花或蝴蝶结的发夹。

H. 削短,男孩头。

4. 你的衣服大多使用的面料是?

A. 法兰绒斜纹平针织物,棉、麻质感织物。

B. 100%的羊毛、棉和丝类等天然面料。

C. 平针织物、丝织品。

D. 天鹅绒、仿鹿皮等面料。

E. 金属线织物、对比色强烈的织物。

F. 高级皱纹呢、羊绒、皮革。

G. 羊绒、小印花棉布。

5. 你经常穿着的衬衫或上装是?

A. 羊毛或棉的马球衫。

B. 高质量丝和棉的衬衫。

C. 花边领衬衫。

D. 大胆、夸张的女罩衫。

E. 非常艺术化的上衣。

F. 丝织的衬衣。

G. 圆领带花边的衬衣。

H. 男式领衬衣。

6. 你经常佩戴的饰物是?

A. 少量的天然珠子和石子。

B. 只选珍珠或黄金饰品。

C. 华丽、有女人味的花形饰品。

D. 大胆、几何形状的饰品。

E. 个性、怪异的饰品。

F. 垂吊、链形的耳饰。

G. 可爱、易碎、纤细的小饰品。

H. 简洁的金属类几何图案。

7. 你经常选择的晚装是?

A. 天鹅绒的裤子或连衣裙。

B. 简洁、合体的连衣裙。

C. 精美、漂亮的丝织连衣裙。

D. 色彩丰富的丝质上装配黑色裤子。

E. 短裤配有金属饰片的上装。

F. 丝质衬衫和优雅的长裙。

G. 有花朵或蝴蝶结装饰的蓬松的连衣裙。

H. 短款小裤装或西装背带裤。

8. 你经常穿的鞋子是?

A. 短的鹿皮靴。

B. 样式正统的中高跟船鞋。

C. 露趾的高跟鞋。

D. 皮靴或引人注目的鞋子。

E. 松糕鞋，造型感强的鞋子。

F. 鞋头尖的细高跟鞋。

G. 圆头或有蝴蝶结装饰的小皮鞋。

H. 方头，系带鞋。

9. 通常情况下，别人是怎么形容你的？

A. 亲切的、自然的、随意的、质朴的。

B. 端庄的、高贵的、稳重的、正统的。

C. 华丽的、成熟的、有曲线的、妩媚的。

D. 夸张的、大气的、时髦的、引人注目的。

E. 个性的、新潮的、叛逆的、标新立异的。

F. 柔和的、精致的、有女人味的、小家碧玉的。

G. 可爱的、天真的、圆润的、稚气的。

H. 中性的、干练的、帅气的。

结果如下：

A居多：自然型，说明你的穿着随意、潇洒、亲切、自然、大方和淳朴。

B居多：古典型，说明你的穿着端庄、成熟、高贵、正统、精致、知性和保守。

C居多：浪漫型，说明你的穿着成熟、华丽、曲线、性感、高贵、妩媚和夸张。

D居多：戏剧型，说明你的穿着成熟、大气、醒目、时髦和有个性。

E居多：前卫型，说明你的穿着时尚、标新立异、古灵精怪、叛逆和革新。

F居多：优雅型，说明你的穿着温柔、雅致、有女人味、精致。

G居多：前卫少女型，说明你的穿着可爱、天真、活泼、甜美和清纯。

H居多：前卫少年型，说明你的穿着中性、帅气、干练和简约。

如果你在几个答案中徘徊的话，说明你有可能同时具有多种风格。

第三章　优美风景线

无论我们身穿多么漂亮的服装，如果我们不能表现自己的风姿，站没站相、坐没坐相，走路时拱肩缩背、膝盖弯曲、脚步拖沓，就会影响我们的整体形象。

艺术身体：身体比例中的秘密

爱美的女孩，哪个不希望自己拥有一个具有曲线美的身形呢？可是，你知道一个让人欣赏的可爱女孩的身体比例应该是怎样的吗？现在，就让我来告诉你吧！

（1）上下身比例：以肚脐为界，青春女孩上下身比例应为5∶8，这才是符合黄金分割的标准身材。

（2）颈围：在颈的中部最细处，颈围与小腿围相等。

（3）上臂围：一般说来，上臂围应相当于腕部紧接腕关节上面最小部位的围长的两倍。

（4）肩宽：肩宽也就是两肩峰之间的距离。肩宽等于胸围的一半减4厘米。

（5）胸围：在正常呼吸的情况下，沿乳头线测量，女孩的胸围应与髋围大致相等。

（6）腰围：腰围较胸围或髋围少25厘米。

（7）股围：股围较腰围少15～17.5厘米。

（8）髋围：髋围在体前耻骨平行于臀部最大部位。髋围较胸围大

4厘米。

（9）小腿围：小腿围较股围少15～17.5厘米。

（10）踝围：这里通常指踝关节上最细部分的围长。

或许，大多数女孩的身体比例和上面的比例标准都不太相同，那么，这该怎么办呢？其实，最好的办法就是注意饮食和加强身体锻炼。当然，如果我们通过饮食和运动的努力还是不能达到这个标准，那我们也不要担心，因为，在很多时候，女孩本身具有的气质和内涵，更能得到人们的好感，也更能显出我们阳光的一面。

迷人的风姿在哪里

姿态在我们外表的影响力中占有很重要的分量，有的女孩在脸部化妆、发型设计上花很多心思，对于服装也非常注意。当她们修饰完毕，站在穿衣镜前一照，她们对自己的容貌感到欣赏极了。但是，有许多美丽的女孩却不知道，当她们离开了穿衣镜之后，便开始用各种粗鲁的动作来破坏自己的美丽了。

姿态美是非常重要的，因为姿态美有一种说不出来的迷人魔力。哪怕一个相貌平平的女孩，如果有优雅的姿势和风度，她在交际场合也可以发挥无穷的魅力，成为一个众人瞩目的阳光女孩！

因此，我们在日常生活中，只有改正自己粗鲁或不优雅的姿势，才能受到更多人的欢迎。

头部动作

在任何时候，我们都应该把头部往上伸，从后颈部着力往上伸。不过，要注意的是，当我们把头向上伸的时候，千万不要翘起下巴，仰起脸来，脸应平视前方。

肩部动作

平时，我们应该使自己的肩部自然放松，让它随意地垂下。当我们垂下肩膀的时候，应该使肩膀的外缘向左右下垂，不要让肩膀向前垂下。还需要提醒你的是，不要随便耸肩，这样只会显示出你的紧张。

胸部动作

让整个胸部，包括全副肋骨，自然地升起。当我们挺胸的时候，绝不是把胸部硬挺起来，而是从腰部开始，连同脊骨到颈骨，尽量向上伸。这样，我们自然会得到一个平坦的腹部和比较秀挺的胸部了。

腹部动作

不管是行走，还是坐立，我们的腹部都要保持往里收缩。关于收缩腹部，我们可以经常做这个练习：靠墙站着，使自己的整个脊骨、脚跟、肩部、头全部贴着墙，然后，用力收缩腹部肌肉，维持这个姿势10～20秒钟，然后放松休息。常做这种练习，可以增强我们腹部肌肉的力量。

臀部动作

和腹部一样，在行走和坐立的时候，我们的臀部也应该向里面收缩。那么，如何做到这一点呢？我们可以试着用双手按着腹部，然后，让自己的盆骨整个向上或向前移。这时我们可以感觉到自己的盆骨就像一个箱子一样，从我们的手下向前移动了。

脚部动作

在走路的时候，要让我们的重心随着移动着的脚，不断过渡到前面去，不要让重心停留在后脚。要使重心在走路的时候很自然地向前移动，有一个简易的办法，每步路都从胸膛开始向前移，千万不要让我们整只腿独自伸向前。如果我们的脚比我们的上身先向前移动，姿势便不雅观了。

也许你会问，后脚掌要怎样才能顺利地把重心推向前呢？很简单，你可以想象自己的步伐流利得像水流一样，重心不停地移向前面，绝不在地面作片刻的逗留。这个想象，加上上面的要领，你走起路来，便可轻盈如风了。

如果我们能遵守上面提到的各部位动作要领，我们便会变成一个散发出迷人魅力的女孩，即使我们穿上平凡的衣服，我们的脸也没有太刻意去修饰，可是看见我们、接触我们的人，都会觉得我们是一个可爱的女孩。可是，可爱在哪里呢？大家往往说不出来，他们不知道，这其中的秘密完全在我们的姿态里。这种走路姿势，还有一个很好的优点，它使我们不知不觉，经常做深长的呼吸运动。

作为女孩，我们应该知道，深呼吸是相当重要的。深呼吸不但可以增强人的精力，还会使我们的双颊透出可爱的红晕，让我们看起来更加阳光。

非常提示：你的发型要和脸型相配

朋友，拿出你从小到大的几张生活照看一看，你的发型都是什么样的呢？再比较一下每张照片，看看自己到底选择什么样的发型才显得最漂亮、最动人呢？

事实证明，如果我们可以根据自己的脸型来选择适合自己的发型的话，我们的形象将会显得更加漂亮而有气质，当然，我们也会因此而成为最有特色的阳光女孩。

那么，你知道怎么正确地进行发型和脸型的搭配吗？现在，我们就来研究一下这个问题吧！

三角形脸型

这种脸型的女孩特征是左右腮宽大，额部较窄，显得上窄下宽。对这种脸型，在发型设计上应体现额部造型见宽，发型的下端应尽量运用发式将腮部遮盖住一些，使之平衡。

在处理发型时，前发不宜向后，这样更暴露前额窄的缺陷。在头部的前面如果分头路的话，不管是中分或者侧分，都应该向左右两方拉开，头发拉开时还要注意千万不要将前额部分遮得太多，否则又要缩小前额的宽度。颊骨两侧的头发向外蓬，后脑的头发要做得蓬松，使其有丰满感，衬托出上半部宽大的轮廓，与宽大的左右腮骨协调。

倒三角脸型

这种脸型的女孩特征是前额部位宽大，下颌部位又小又尖。对这种脸型的发型设计，可运用理发技艺上的掩盖法原理来弥补。在过宽的前额处，设计美观大方的刘海，当然这种刘海并不是一刀齐的，可以有些变化。

一刀齐的刘海反而会增加额部的宽度。可以在两颊附近和后发部位设计一种发型，使其隆起，增加头发的丰满感，这样可突出脸部下端的宽度。

长脸型

长脸型的女孩在处理发型时要注意长短的比例，长型有两种，一种是长方脸型，另一种是长圆脸型，在发型改变脸型上有共同处。长脸型在发型设计上，额顶部位处的头发不宜梳得过高，否则显得脸更长。

如果在额顶部设计分头的式样，那么头的位置不宜在额顶部位的正中分，因在正中一分为二，长脸型有更显长的反效果。头发向左右两边分的发型，头发的卷曲和波浪要舒展、柔软，才能改变其脸型。

如果向左右两边拉宽的式样是直硬的，就达不到改变长方形脸的效果。因为长方形脸有着强烈的轮廓性，硬直发式起不到柔和的作用。一般长脸型适宜用圆脸型发型来改变脸型。

方脸型

方脸型也有美的造型特点，但太方却不是女孩柔和个性的典型美。这种脸型在设计发型时应该促使脸型变圆，应该尽量避免方的发卷和波浪形的花式。方脸型分头的话，不宜过偏，前额部要用头发遮盖其额的两侧，遮盖的头发要有倾斜度，有使方额见圆的效果。

头部两侧的头发可以设计成卷曲或者波浪形的式样，尤其头后部的波浪要精加工，使方脸型的下部形状见圆，这样就可起到改善形态的效果。

菱形脸

菱形脸的特征是两颧骨处突出而额部较窄，额骨处也显尖小。整个脸型上半部为正三角形，下半部为倒三角形，矫正这种脸型，上半部按正三角脸型方法处理，下半部按倒三角脸型方法处理就可以了。一般可以将额部上部头发拉宽，下部头发逐渐紧缩，靠近颧骨处设计一种大弯形的卷曲、波浪花式，来掩盖其突出的不足。

千万不要忽略这些搭配形式，有时候，我们只需要轻微地改变一下自己，就会带来意想不到的效果，不信的话，你可以试一试哦！

测试过关：行走坐立大检验

你知道吗？一个人行走坐立的姿势往往反映一个人的做事风格。请做做下面的测试题，便可知道你的做事风格属于哪一种类型。

1. 你坐的姿势是怎样的呢?

A. 两脚并拢。

B. 右脚放在上面。

C. 左脚放在上面。

D. 轻轻坐在椅子的前面。

2. 你走路的姿势是怎样的呢?

A. 迈开大步。

B. 边走边看。

C. 手插在口袋里走路。

D. 背脊挺直往前迈步。

3. 马拉松及短跑二者你喜欢哪一种呢?

A. 马拉松。

B. 短跑。

C. 讨厌跑步。

4. 与喜欢的异性不期而遇时,你会:

A. 有精神地向对方打招呼。

B. 装作没看见。

C. 对方若是一个人就打招呼。

5. 与你相处不错的朋友有几人呢?

A. 1人。

B. 三四人。

C. 10人以上。

6. 早上晚起时,你会:

A. 说身体不舒服休假一天。

B. 虽然迟到但还是马上出门。

C. 绝对不会晚起。

答案及得分表：

选项＼题号	1	2	3	4	5	6
A	1	5	5	1	3	5
B	5	7	1	5	1	3
C	3	3	0	3	5	1
D	7	1				

解析：

6～12分为A型：你做事按部就班，非常不喜欢认错，好讲道理，个性顽固，有时难免会遭受挫折，脾气还算温和。

13～21分为B型：做事适可而止，与认真的人相处融洽，有乐天派的气质，但警惕心强，缺乏挑战精神。

22～29分为C型：通常没什么准则，自由自在地生活，有一般常识，但心中仍幻想着冒险。

30～34分为D型：说好听是不拘小节，说不好听是莽撞。好奇心比别人强一倍，服务精神可嘉。优柔寡断的态度会造成旁人的疑惑。

少女运动：魔鬼身材健美操

你一定羡慕拥有魔鬼身材的女生吧！那么，你是不是也想自己的身材变得有型呢？其实，美好的身材是要通过锻炼来实现的。当今风靡世界的健美运动便是以科学的骨骼、肌肉锻炼，使身体各部分得到全面协调发展的行之有效的方法。

在生活中，我们常见的健美方法有做健美操，利用哑铃、拉力器等机械进行的健美活动，此外，还有其他体育活动和集体舞等，其中最有效、最简便的是做健美操。你如果感觉哪儿还不够健美，请赶快行动起来，做做健美操吧。

早晨健美操

第一节：身体直立，两腿分开，双手向上伸，弯腰，用手指触右脚；直立，再弯身，用手指触左脚。反复做几次。

第二节：双手向上伸直，身体向右转两次；之后，再向左转两次。

第三节：身体站直，两腿轮流抬起与地板平行，在原地慢慢下蹲。

第四节：在原地跳跃，就像你小时候跳绳一样。

第五节：双手向上伸直，吸气，全身用力，然后全身放松，身体向前倾斜，同时呼气，复原；之后，再吸气……

胸部的运动

第一节：两手互抱于头的后部，两肘向后张开，拉动几次。

第二节：两脚分开90度，坐在地板上，两手向上伸直。全身先向后倾，然后向前倾。当身体向前倾时，使鼻子几乎接触地板。

第三节：两臂在胸前提举，双手握拳；数二，两肘向后扯动；数三，两手伸向前；数四，还原。

第四节：两脚立正，两臂向左右伸，向左右翻转身体，渐渐加快速度。

肩腰腹和背部的运动

第一节：两脚立正，随意转动两肩，此时头和身体不要动。

第二节：躺在地板上仰卧，躯干伸直，两臂放置在身体两侧。轮流把两腿慢慢抬起和放下，之后两腿一起慢慢抬起和放下，膝部不要弯曲。

第三节：坐在地板上。背挺直，使膝部弯曲并靠近腹部。两手抱肩，向两边尽量转动躯干。

第四节：做"桥"式动作，头和肩躺在地板上，身体向上拱成弧形。

第五节：坐在地板上，两腿大分叉。右膝弯曲，右手抓住脚掌，然后尽量伸直。

第六节：换左腿做上面的动作，之后双腿一齐做这个动作。

第七节：仰卧，双手把右膝尽量拉近左肩；之后把左膝尽量拉近右肩。

腿部的运动

下蹲。左腿先向前伸，然后往一侧伸，之后是右腿，两腿轮换。假若做不出这个动作，可先抓住个东西来做。

背部的运动

第一节：跪姿。用两只手撑在地板上，把腿轮流伸向后方，每只腿向后伸两下。

第二节：两腿交叉坐着。两手抱住后脑勺，尽量左右转动躯干。

防止长双下巴的运动

第一节：向左右转动头部，就像要看背后的东西似的。

第二节：咬紧牙关并把头转向后面。

女孩体操：女孩曲线美与锻炼

朋友，当你走在大街上，看着形形色色的人走过时，你是否喜欢关注那些曲线很美的女孩呢？是的，女孩曲线美，不仅是异性注目的焦点，也受到同性的关注。在女性曲线美的范畴中，胸腰臀三围是最重要的项目，丰胸、隆臀加上纤腰，是很多女孩梦寐以求的好身材。

一般说来，女孩的臀部发育，多半是因运动情况造成的。审美专家经缜密观察、比较，指出农村、渔家等劳动较多的女性因为经常运动，臀部多丰满；都市人坐卧时间多，臀部整天受压迫，当然无法显出均匀的美来。

日常生活中一些细碎的习惯常常会破坏臀的美丽，因长期坐卧而压扁，使用方便的电梯、轿车等，也是女孩曲线美的致命敌人。要知道上楼梯和走斜坡都可以帮助女孩加高臀部，欲锻炼臀部，如美国20世纪著名的电影女演员玛丽莲·梦露的走路方式和芭蕾舞的足尖走路方式是值得推荐的，我们可以在平时练习一下，会使自己的曲线更加美，自己看上去也会更加阳光。

美臀体操

立正站好，高举双手，向后弯腰，单腿后踢，踢腿的动作要迅捷而有力。

取坐姿，上身坐直，手足平伸，全身不动，运用臀部的力量，向前滑动。

仰卧在床上，屈膝提腿，运用腰臀的力量，把双腿靠向左方，再一起靠向右方，如此周而复始，每天做8次。

美臀运动

游泳及跳绳都能促进臀部发育，臀部肌肉固然要丰隆，同时也要结实。要让肌肉结实，可以采用以下方法：

（1）卷筒压按法：使用按摩筒，空瓶亦可，将爽身粉涂在臀上，然后用上述道具按压，可以消除肌肉的松弛。

（2）入浴美容法：入浴时用海绵或丝瓜擦臀，用水流强烈冲击臀部，或用冰冷的水刺激都是有效的。

（3）普通按摩法：将冷霜涂在手上，再用手搓摩臀部肌肉。

摆脱束腰

许多医生都不赞成女孩束腰，因为束腰过久，会诱发肠疼、胃疼或腹疼等毛病。

想要保持纤腰美，我们可以采取运动来取代束腰行为。

具体做法是：俯卧在地毯上，双手反握在背后，双脚尖触地，做深呼吸调气。双手反握伸直使头尽量抬起，眼睛望向前方，利用腰力和脚尖，上身离地，使头、肩做收缩运动。深呼吸，上下身慢慢压低，双手亦徐徐放下。

如果你希望成为一个曲线美的女孩，那么，从现在起，就坚持做这些练习吧！坚持一段时间之后，你就将成为众人注目的焦点，因为此时，你已经成为美丽的阳光女孩了！

爱心叮咛：增加身高的锻炼方法

我们走在人潮汹涌的街头会发现，那些高个子女孩，往往会更加吸引行人的目光，这是为什么呢？相信你也应该知道，因为个子比较高的女孩身材较为修长挺拔。其实，普通人由于躯干长期处于松弛状态，脊柱就会收缩，身高便会缩短一些。

我们平时注意经常做引体向上和特殊的体操，可使脊椎变直，身高恢复正常。并且，我们还可以做增加躯干肌肉和脊椎柔韧性的练习，这样也会刺激脊椎的软骨，促进我们长高。

首先，坐在软椅子上放松全身肌肉，心平气和。然后保持全身处于松弛状态，起身踮起脚尖用双手尽力摸高处物体，同时心中默念"绷紧腿部和背部的肌肉，躯干慢慢伸长"，再坐下放松全身。每做一次伸展动作，全身放松、紧张一次，动作不宜过猛，以免拉伤身体，并注意调整呼吸，反复做10分钟。

接着，横握两端绑有沙袋的木棍举过头顶，随着身体向两侧弯曲，慢慢加大弯曲度，直立时放松身体，做10分钟。再接着，将木棍横置于脑后，身体向前弯腰屈体，并交替用棍子的两端触地，然后身体放松，弯腰再做，做10分钟。

这时，身体会变得十分柔韧，最后，用双脚抵住沙发，身体向后反弓，双肩靠在椅边上，几分钟后，靠足尖和后脑部支撑，全身躯干与地面平行。

此套操主要是放松和伸展躯体，使脊椎伸直，以增加身体高度。要经常做，早晚两次，同时不宜过急，身体未活动开，不要强行伸拉、反弓身体。

根据同样原理，"身体增高操"，坚持做也可以使我们长高一点。这套操共有5个动作：

1. 用力伸展上身增加身长；

2. 抱膝伸腰；

3. 额头挨地叩拜；

4. 静止状态下伸展全身；

5. 手握立柱自由地进行下蹲。

这些动作每天做一次，每次30分钟。

另外，研究发现，我们青春期少女，如果在学校里休息时、大扫除时，甚至在课堂上做些有效的运动，也能促进自己长高。

在日常生活中，我们在爬楼梯和站着的时候，可以做一些运动练习。

上楼梯时，我们可以选择上半身保持直线，以脚尖来爬楼梯，这样可以使小腿肌肉得到锻炼。如果能以同样的姿势再反着下楼梯，效果会更好，这样一方面可以使腿的线条优美，另一方面可增强平衡。需要注意的是，在上下楼时，我们的动作要格外小心，否则一步踏空，跌下楼去，就太不值得了。

站着时，我们可以将背部倚着椅背站好，此时背部挺直、双腿伸直、膝盖不可弯曲。然后，我们的左腿缓缓地向前平举，右膝弯曲。左腿放下右膝亦伸直，恢复站立的姿势。换右腿平举做同样的动作，反复15次。

擦玻璃时，我们可同时做脚尖的动作，一上一下，再配合深呼吸，可使胸部坚挺，脚踝变细。但若擦高处玻璃，则必须小心站稳，以免发生意外。

相信你也正为个子矮小而发愁，只要你经常做上面介绍的这些运动，你的身高就会有增加的可能。

美丽诀窍：保持身材的七大秘诀

每一个女孩都渴望有一个迷人的身材，但要怎样才能使身材完美呢？这里向你推荐几个秘诀，只要你把这几大秘诀运用到自己的生活中，保证能拥有完美的身材。

每天都要吃早餐

早餐是每天的活力来源，如果不吃早餐，我们便会一整天都没精打采。这样一来，不仅使我们的身体非常不健康，而且由于我们白天活动多，容易消耗热量，晚上就会吃得很多。我们都知道，晚上吃得多，人就特别容易发胖，与其这样，我们不如每天都吃些早餐，便可以保证上午的营养，使晚上少吃些，来达到营养均衡，以此保证完美的身材。

每天要多喝水

水对于我们身体的机体代谢非常重要，因为机体需要水来参与代谢，假如我们身体中的水不足就会导致代谢减慢。所以，我们一定要养成爱喝水的习惯，只有这样，我们的新陈代谢才会加快，脂肪才能燃烧。

当我们的脂肪加快燃烧之后，我们就能更好地保持自己的完美身材。

选择合适的内衣

我们要保持完美的身材，还必须选择适合体型的内衣裤，如果我们选择的内衣裤尺码过大或者过小，便不容易发现自己发胖，而合适的内衣裤，可以使我们随时了解自己的身体胖瘦，加以注意，让我们的身姿更加完美。

穿高跟鞋要节制

很多女孩为了追求美感，每天都穿高跟鞋，其实这是非常不正确的。经常穿高跟鞋会令我们走路时重心向前，不但对骨骼不好，而且也会让我们的身材变形，并容易使我们的拇趾外翻，容易长鸡眼等。因此，为了我们的身材，也为了我们的健康，应该减少自己穿高跟鞋的时间。

坐时不要跷二郎腿

青春期的少女，正是长身体的时期，这时，如果我们长期选择跷腿而坐的话，会对自己的身体产生不良的影响，很容易导致我们的盆骨弯曲，肌肉附着在不正确的位置，身材自然也就会变得难看。

选择正确的睡姿

对于我们女孩来说，最佳的睡姿是仰睡，这样可以让我们的身心得到放松，并很快地自然入睡，以此获得良好的睡眠。如果我们选择侧睡，容易对我们的脊椎及内脏带来不良影响，而趴着睡也会对我们的心脏造成压力。

每星期适量游泳

随着人们生活水平不断提高，越来越多的女孩爱上了游泳运动。研究证明，游泳可以使瘦人变胖、胖人变瘦。这是因为，我们在游泳时，身体处于水平状态，心脏和下肢几乎在同一个平面上，使得血液循环特别通畅；同时，游泳时水对我们身体的压力，使得我们的呼吸加深，起到了改善心肺功能、提高心血管系统机能的作用；而水对皮肤的刺激，还会使得我们血管的弹性也随之增强。

另外，在游泳的过程中，我们全身的肌肉及从颈部到足踝的每个关节都得到运动，从而消耗了我们更多的能量，由此，胖人减掉了脂肪，瘦人则由于锻炼使皮下脂肪相对增厚，时间长了身材变得越来越健美。

由此，我们建议青春期的女孩每星期适量游泳，长期坚持下去，必能保证我们拥有健美的身姿，成为一个充满魅力的阳光女孩！

第四章　超级人气迷

青春女孩犹如一朵美丽的花，具有美丽的气质，这是大自然的恩赐。做迷人的女孩，从现在开始！

自我展示：散发我们的成熟魅力

不要以为你穿上了妈妈的衣服，就是一个成熟的女孩，就能展示自己成熟的魅力了。其实，成熟的气质并不一定要靠穿着才能完成，而要在穿着的基础上，再加上后天的修炼才能塑造和培养出来。

穿着得体

成熟女孩穿衣服的时候，不再像小女孩们只注意流行和款式，而是更讲究衣服的质地、做工、细节等，衣服款式要简单大方，身上的饰物不多，但处处得体，与衣服浑然一体，风格一致。她们在不同的场合穿不同的服装，但都能穿出自己的精彩。

装扮宜人

成熟女孩不浓妆艳抹，也不素面朝天，她们喜欢略施薄妆，使自己看起来清爽宜人。

热爱生活

成熟女孩不会忙手忙脚，让自己的生活一团糟，而是把工作、学习安排得井井有条，她们热爱生活，更懂得享受生活。她们不断修炼自己，培养一些高雅的兴趣爱好，不仅使自己的生活内容充实丰富，还提升了自己的品位。

成熟女孩不再毛毛躁躁、风风火火，她们工作时稳重、从容，令上级放心，让下属尊敬。与人相处，亲切随和。她们生活中不斤斤计较、小肚鸡肠，懂得宽容身边的人和事。

自然坦荡

成熟女孩既不矫揉造作、故作姿态，也不遮遮掩掩、虚伪矫情，她们举手投足间有一种自然和坦荡。无论什么场合，她们都落落大方，要笑，就开怀地笑；要哭，就痛快地哭，活得简单而快乐。

个性独立

成熟女孩不只属于爸爸妈妈，更属于自己，她们有自己的思想，有独立的人格。她们善待自己，遇到困难时，自己寻找解决的办法。

心态平和

成熟女孩不消极，不自卑，她们思维开阔，心态平和，利索干练，从内到外透露着一种乐观、自信。乐观快乐的女孩，谁都喜欢与之交往。有自信的女孩，会平添许多魅力。

洞悉人情

成熟女孩不再幼稚和不谙世事，她们知道自己的所需所求，洞悉人情世故，深知人生之意义。她们懂得感恩，隐忍宽容，以求心灵的平静。她们像一本内容丰富的书，越看越有趣，越品越有味。

柔而不媚

成熟女孩不用暴露的衣着来显示自己的性感，而是营造出一种迷人的气氛，从骨子里散发出自己的柔情和妩媚。她们不是用自己的脸蛋和身体吸引人们的眼球，而是用自己的气质和思想抓住大家的心。

高贵迷人

成熟女孩不再像小女孩那般放肆张扬，她们带着平和的气息、冷静的气度、迷人的高贵，像一首温柔婉约的小诗，像一枝清香四溢的茉莉，像一潭清澈的湖水，充满智慧，充满灵性。

成熟女孩美在心灵、美在气度、美在内涵。所以，散发成熟气质的女孩最迷人，也是最阳光的女孩！

挑战自己：你是个成熟的女孩吗

你觉得你是一个成熟的女孩吗？你觉得自己的成熟程度是多少？如果你想知道答案，不妨做一做下面的测试题！

1. 在比赛中你喜欢的对手是：
A. 技术高超的，这样你有更多的机会提高自己的技术。
B. 比你的技术略高一等的，这样玩起来更有趣些。
C. 比你的技术差，这样你可以赢他，以显示至少你在这一方面比他强。
D. 跟你的技术不分上下，你们双方都努力的话，均有机会赢过对方。
E. 一个具有体育道德的人，不管其技术如何。

2. 你喜欢生活的环境是：
A. 比现在的环境更简单一些。
B. 就像现在这样的环境。
C. 按部就班逐渐向好的方面发展的环境。
D. 变化中的环境，这样你可以利用变化的机会发展自己。
E. 不断变化的环境。

F. 比现在更好的环境。

3. 你和同事进行争论的倾向是：

A. 你总是喜欢随时进行有益的争论。

B. 如果你有兴趣，你通常喜欢争论。

C. 你很少与人争论，你喜欢自己与众不同的观点。

D. 你不喜欢争论，并尽量避开争论。

E. 不讨厌争论。

F. 你喜欢漫无边际的讨论。

G. 你喜欢考人家。

4. 非家庭人员批评你时，你的反应通常是：

A. 分析批评者为什么批评你。

B. 问批评者为什么批评你。

C. 保持沉默，过后丢到脑后。

D. 遇到机会，也对他进行批评。

E. 如果你认为自己是对的，就为自己辩护。

F. 保持沉默，并对他记恨在心。

5. 你认为，人们生活要过得既愉快又有意义在于：

A. 你如何适应环境并利用好的环境发展自己。

B. 你如何适应环境并利用坏的环境的有利因素发展自己。

C. 即使环境不好，仍尽量加以利用，变不利为有利。

6. 你希望给人一个好印象的倾向是：

A. 预先想好，并刻意追求。

B. 很少预先想好，如有机会，则设法给人一个好印象。

C. 很少考虑给人一个好的印象。

D. 不喜欢别人这样做，自己也从来不这样做。

7. 学习中遇到棘手的问题时：

A. 向比你懂得多的人请教。

B. 通常向你的好朋友请教。

C. 很少请人帮助你。

D. 如果你认为你的朋友知道如何处理，你就去问他。

E. 你尽自己最大的努力去解决，实在不行，再去请求别人帮助。

8. 你认为生活要有意义就必须生活在：

A. 比现在关系更融洽的亲戚朋友中间。

B. 有知识的人中间。

C. 比现在更多的亲戚朋友中间。

D. 现在的亲戚朋友中间。

E. 不管什么人中间。

F. 志同道合的人中间。

9. 你遇到感情问题时：

A. 你很喜欢，因为你可以克服它们，得到刺激。

B. 你不是特别感兴趣，因为你已经习惯了。

C. 你感到这是你生活道路上出现的暂时障碍。

D. 你没有感情问题。

E. 虽然使你不快，但你努力克制。

答案及得分表：

题号	1	2	3	4	5	6	7	8	9
A	+8	0	-2	+8	-1	-1	+6	-4	0
B	+6	-5	+8	+6	-2	+8	-3	+8	+4
C	0	+6	+4	-3	+5	-2	0	-2	+6
D	-5	+4	0	-2		-2	-2	0	0
E	+8	+2	-4	+4			+2	-4	-1
F		-3	0	-4			+4		
G			0						

解析：

上面测试的计分方法是，将所得的正分总数减去负分总数。例如，你9道题的正分是30分，负分是16分，那么你的总得分就是14分。你的正分越高，也就越成熟。

特别解密：你是什么气质的人

女孩的气质就像七彩的服装一样，各有不同，色彩斑斓。想要完善自己，必须先了解自己的气质类型。这里我们根据实际情况，归纳出以下8种气质女孩，大家可以根据自己接近的性格气质，认识到自己性格的优缺点，逐步对自己的方方面面进行完善修炼，成为一个优秀的阳光女孩。

循规蹈矩的居家型女孩

这种类型的女孩喜欢穿洁净高雅的服装，生活上从不奢侈，喜欢做家务或做手工。

这种女孩不追求金钱，喜欢和人品好、家境与自己相同的人交朋友。

传统性格的规矩型女孩

这种类型的女孩循规蹈矩，但能以学习来充实自己，在任何场所都守规矩，绝不会给他人添麻烦，不说他人不爱听的话，很少和他人发生冲突，讲话礼貌、优雅。

她们喜欢穿着十分讲究的衣服，喜欢传统茶艺、绘画作品和传统室内装饰，喜欢和自己性格相差较大的人交朋友。

忠心耿耿的职业型女孩

这类女孩是典型的学习或工作狂，她们的学习和工作时间比较长。在性格上，为了塑造自我形象，她们常排斥一切娱乐活动，并以工作忙碌来做借口。

这样的女孩穿着一般或整日不脱制服，喜欢和近似完美的人交朋友，尤其是危险而有魅力者。这样的女孩，生活固定于单层面领域，缺乏色彩、变换；忌过于疲劳而失去工作的情趣。

善于表现的自我型女孩

这样的女孩喜欢不分场合、地点展示自己。在聚会时，她们的自我意识十分强烈，常常表现自己。她们喜欢不断地丰富头脑，为的是能有更多的机会表现自己。

这种女孩学习新事物的愿望强烈，但往往缺乏毅力和恒心。她们喜欢选择鲜艳的服装或与众不同的服饰，喜欢与很正直、老实而有鉴赏力的人交朋友。

光说不练的健谈型女孩

这类女孩的最大优点就是健谈，最大的缺点也是健谈，光说不练。她们喜欢随大溜，好像每一件事情都能参与进去并拿出见解。她们常常有很多想法，并希望得到他人的认可。

她们喜欢穿色彩跳跃性强的服装和别具特色的款式，不讲究装饰和首饰。她们的想法常常落空。她们喜欢和稳重坚强的人交朋友，对异性充满兴趣并保持交往。这样的女孩，忌广而不精，忌业荒于嬉。

听天由命的随意型女孩

这类女孩无论对人对事都采取消极的态度，任凭事态随意发展，凡事不经大脑，听天由命，从性格上看比较随和，虽很精明但懒于实践。

喜欢正统的直发，穿着衣服较为朴素，不愿让奇特的服装给自己带来麻烦，喜欢与比自己大的、成熟可靠的人交朋友。

骄傲自大的高贵型女孩

这类女孩人多有超人的才能，但骄傲自大，看不起他人，她们平时积极要求进步，为此不惜花钱学习舞蹈或其他专修课程，甚至踌躇满志地自己投资兴业，极力塑造理想的自我形象，提高自我地位。

这样的女孩自我意识很强，常常用金钱和时间来充实自我。她们喜欢着装高贵、脱俗，喜欢和极富天才的人交朋友，恋爱充满了浪漫。

追求时髦的享受型女孩

这类女孩常以光彩、华丽的服饰做外壳，喜欢谈论高级装饰品、高级消费场所见闻，以此展示自我魅力。她们崇尚物质享受，追逐豪华的娱乐方式，爱慕虚荣，以势利的眼光选择朋友。她们喜欢奢侈品，喜欢与可以满足其虚荣心的人交往，以物质享受为第一条件。这样的女孩，忌因一时冲动和物质利益留下终身遗憾，忌失去独立的自我价值。

亲爱的朋友，看了上面的介绍，你知道自己是一个什么类型的女孩了吗？要学会改正自己的缺点，发展自己的优点，才能使你更加优秀、更加阳光哦！

魅力塑造：做个有气质的女孩

气质是什么呢？它是人从身体里所散发出来的看不见、闻不到的味道，女孩真正的魅力主要表现在她特有的"味道"上。这种"味道"无论是对异性还是对同性，都有着吸引力。

一个人的容貌形体、外部装饰所表现出的美，在整个人体美中只能占一部分，甚至是一小部分。而气质给人的美感是不受年龄、服饰和打扮制约的，有许多女孩长得并不美，但她们身上却洋溢着明显的气质美，好学上进、朝气蓬勃……这才是真正的美，和谐统一的美。

内在的修养表现

气质美首先表现在丰富的内心世界。内心有追求，有理想，人生就有动力和目标，人的气质就显得高贵；如果内心空虚贫乏，对生活没有炽热的追求，人生就会显得苍白无力，也更谈不上气质美。

品德是女孩气质美的又一方面。为人诚恳，心地善良，善解人意，对爱情专一，是中国女孩的传统美德，也是现代女孩不可缺少的品德。

女孩内秀的气质，最能显示女孩美中羞涩的气质美。羞涩以不泯的童真为基础，是一种单纯、天真的流露。羞涩是善良诚实人格的真实反映，是女孩美中固有的气质，也是东方女孩深沉含蓄的特征。

此外，良好的内在修养还表现在胸襟开阔、内心安然等优秀品质上。

外在的仪态表现

人的躯体里蕴藏着组织器官，大脑里却蕴含着思想，思想支配着行动和语言，这就形成了仪表和风度，还包含着一个人的气质。人的气质是无形的,而仪表是有形的,无形的气质通过有形的仪态表现出来,让人感觉它的存在并赋予仪态一种精神内涵。气质和仪态就是一个人的神和形的关系,也是一个人整体形态本质的特征。

气质美还表现在举止上。一言一行,待人接物的风度,均属此列。一步三摇,忸怩作态,自以为很美,其实不然。因此,女孩要特别注意自己的举止,要热情而不轻浮,大方而不做作。

高雅的艺术修养

高雅的兴趣也是女孩气质美的一种表现。爱好文学并有一定的表达能力,欣赏严肃高雅的音乐且有较好的乐感,喜欢美术且有基本的色彩感,如能掌握一定的形体训练基本功,就更能使女孩的生活充满迷人的色彩。

文化水平低下会在一定的程度上影响人的气质。知识是当代女性立足社会的根本,也是我们自身修养的一个重要方面,没有知识的女孩,就不知道如何去尊重别人和被人尊重,也无法去完成社会所赋予的任务。光有美丽的脸蛋、窈窕的身材而胸无点墨,只能称其为"金玉其外,败絮其中"。

真诚的处事态度

气质美不是虚无缥缈、不可捉摸的,而是具体的、有形的,并能通过个人对生活的态度、做事的方法、人际关系体现出来。女孩独具的气质涉及她深层的品质,带有一种自发力和亲切力,可以净化心灵、温暖人心,使社会充满祥和、友爱。

女孩独具的气质特征,是温柔、可爱、可亲。具备这种气质的女孩,她们感情深沉,只有真诚,没有虚伪。她们心胸宽广,总是那么乐观,从不气馁。她们豁达大度、善解人意,体谅别人,从不抱怨。她们遇到困扰不慌张、处事得体不过分,受到伤害、委屈不流泪。

她们总是自尊、自信、自强、自爱地抗拒干扰。她们对人不苛求、不忌妒、不猜疑、不发火。她们总是彬彬有礼，从不拒人于千里之外，她们总是和颜悦色、内秀矜持、端庄贤淑。

总之，女孩独具的气质美，是建立在自尊、自信、自爱、自强的基础上的，这样的女孩，才算具备了真正的气质美，也只有这样的女孩，才是优秀的阳光女孩，才能获得大家的好感，进而获得尊重。

实用妙策：提升气质的方法

一个人身上，最经得起时间考验的，应该是他的气质。气质是人身上很内在的东西，它丰富而悠久，历经时间的考验，显示出特有的魅力。

对一个人来说，气质受先天生理因素的影响，也受后天周围环境、自身因素的影响。也就是说，人的气质，一部分来自天性，更多的是需要后天不断自我提升。

那么，我们女孩要怎样才能做到气质美呢？以下6个要素是提升气质美的好方法。

做人要沉稳

在生活中，我们每个人难免会遇到一些顺心或不顺心的事情，也会或多或少地有各种情绪。做一个沉稳的人，就是不要随便显露自己的情绪，也不要逢人就诉说自己的困难和遭遇，因为即使别人知道了也不一定能够帮助我们什么，有时候反而只能得到相反的效果。

为此，我们在遇到事情不知道如何解决，或者有解决方法却处于矛盾中的时候，在征询别人的意见之前，一定要自己先思考。

同时，当我们遇到烦心的事情后，不要一有机会就唠叨自己的不满，因为，任何的情绪发泄都解决不了实质问题，与其喋喋不休，不如寻找实际的解决办法。

做事要细心

任何问题或者矛盾的出现都有一定的原因，所以针对身边所发生的事情，我们要常常思考它们的因果关系，要做到知己知彼，弄清楚了，解决问题也就容易多了。

很多时候，我们去做某些事情的时候也会出现执行不力的问题，此时我们要去找出它们的根本症结，细细琢磨。打破我们的惯性思维，对习以为常的做事方法，要改进或优化。

做什么事情都要养成有条不紊的习惯；经常让别人指出自己的毛病或弊端，也随时随地对不足的地方进行改正。

遇事有主见

做任何事情都要用心，时常鼓励自己，多看一些励志类的书籍，激励自己不断前行，不要常用缺乏自信的词句。已经决定了的事情不要一出现波折就反悔，轻易推翻。

与人发生争执并不可怕，尤其是在众人争执不休时，不要没有主见，要敢于提出实质有效的想法。遇到不开心、烦闷的事情，我们要乐观面对，并且去感染身边的亲人、朋友。

为人要大度

客观看待身边的人和事情，不要为自己树敌；对别人的小过失、小错误不要斤斤计较，宽厚待人。俗话说："量宽足以待人，轻财足以聚人。"我们要学会慷慨大方，做到有舍有得，明白"千金散尽还复来"的道理。

不要轻视他人，每个人都有自己的见识涵养，不可小视。任何成果和成就都应和别人分享，在分享中享受乐趣。遇上必须有人牺牲或奉献的时候，自己要走在前面，要懂得"吃亏是福"的道理。

要言出必行

"君子一言,驷马难追",做不到的事情不要说,说了就努力做到。虚的口号不要常挂在嘴上,不要有任何侥幸心理。

针对朋友提出的自己"不诚信"的问题,要拿出改善的方法。诚信是自我的品牌,它需要长时间才能够打造出来,所以一定要有诚信。

不推卸责任

出现问题,检讨任何过失的时候,先从自身开始反省。任何事情有了失误,多从自己身上找原因。

我们都渴望被人关注,成为大家的焦点。那么,我们就应该从自身做起,培养出良好的自我气质,只有真正地去做了、实践了,每个人才可以把自己锻造成为一个既有涵养又有气质的人。

气质与修养主要来自内在心灵的闪烁,来源于人格的造就。女孩的美貌固然重要,但是,气质的体现并不完全展现在美貌上,个性是一个重要的因素,因为它也可以将女人的气质表现得淋漓尽致。

所以,我们女孩要有独立的人格,要走自己的路,才能保持自己的气质与修养,才能成为一个成功的阳光女孩。

非凡打造:用高贵气质征服世界

"高贵"是一种气质,含蓄的女孩,美悄悄地从不为人注意的地方弥漫、扩散,舞动四周,曼妙深远。具有高贵气质的女孩大多端庄、高雅,天庭饱满,肤色光洁,目光坚定,神情明朗。可以说,拥有高贵气质的女孩,才是真正的阳光女孩。

阳光女孩真正的贵气不是故作冷冰冰的高傲,而是脸上时常挂着一种温和的微笑，眉目之间透出的自尊，是他人不可轻易逾越的距离，让人不由得对自身的言谈举止、衣着打扮做一番认真的审视。

高贵是一种令人高山仰止的气质神韵。女人具备了这种气质，尊重的目光将会充盈于她周围。宋庆龄就具有尊贵的气质，她那丰盈、高贵的体态，亲切、高雅的微笑，不是普通人所能比拟和模仿的。

不过，高贵的气质也是需要通过修炼才能产生的，除了优雅的外表和仪态外，由文化传统深入骨髓而练就的眼光与品位也是必不可少的。

打扮自己

气质好的女孩懂得打扮自己，因此，从头发的样式、护肤品的选用、服饰的搭配到鞋子的颜色，无一不细心地面对。从头到脚的细致，当然是需要花时间和心思的，因此，要想做气质高贵的女孩就必须从做细致的女孩开始。可别小看了细致，也许仅仅因为一个装饰的颜色不合适就会破坏整体气质。

有男生说过，对一张细致的脸说话比对一张粗糙的脸说话要耐心得多。尽管男生说出这样的话会使大多数女孩不满，但这确实是不争的事实。因此，女孩的脸部呵护是极为重要的。护肤品的选购和应用绝对不能偷懒，因为它关系到女孩的"面子"工程。

打扮自己不单是一种美化自身的行为，也是一种净化心灵的方式，同时，对减压也有一定的效果。因此，高贵女孩的一个要点是：忙中偷闲的生活方式。

但应注意，高贵的打扮要点在于精致中不露痕迹。装饰一定要恰到好处、点到为止，千万不可弄得一身"矫揉造作"之气。

自我欣赏

自我欣赏是由内至外散发出的一份自信，绝不是孤芳自赏，更不是自恋，这份信心能令女孩在为人处世上从容、大度，不陷入世俗的旋涡。

得体的装扮，优雅的举止，丰富的见识，这些无一不透出女孩高贵的气质和个人魅力。能正确自我欣赏的女孩，大多受过良好的教育，聪明灵慧，她们出类拔萃，既不会盲目自卑，更不会盲目自大。

懂得自我欣赏的女孩光彩照人、落落大方，灿烂的笑容中自有一股凛然高贵的气息，让男人们仰慕的同时又有些敬畏。

充实自己

现代社会是知识极速更替的社会，新知识以极快的速度取代旧知识，如果不及时加强知识营养，我们很快就会变成一个营养不良的"生锈"女孩。

摄取知识营养的方式很多，不只是单纯地看书、学习。比如上网浏览，与别人交流，欣赏一部出色的电影，学学电脑知识和外文。只有不断加强"营养"，女孩才能在绚丽的生活中游刃有余、潇洒自如，生活也将因此更加丰富多彩。

但要注意，只能让"营养"丰富自己的气质，切不可成为一个学究派的古板女孩。

强化训练：优雅的女孩更有人气

作为女孩，你希望自己具有优雅的气质吗？你会说当然。是的，每一位女孩都希望自己有优雅的气质，因为优雅的气质能给人留下美好的印象，优雅的气质能折射出理性的光辉。

一个女孩可以没有华服，可以没有美丽的姿容，也可以没有倾倒万方的仪态，但一定不能缺少优雅的魅力。反过来说，一位具有优雅风度的女孩，必然富于迷人的持久魅力，这样的女孩当然是很多人喜欢的阳光女孩。

优雅的气质是由内在的素质形之于外的动人举止。这里所说的举止是指工作和生活中的言谈、行为、姿态、作风和表情。但这些举止只是表面的东西，是优雅的外流而不是源头。优雅气质是一种发于内而流于外的美。对现代女孩来说，提升优雅的气质，自然会使魅力倍增。那么从外在来说，应该如何提升气质呢？

待人要诚恳

女孩想要有优雅的气质，在与人座谈或交流时，态度一定要诚恳、热情，不可冷淡，显出骄矜的表情，否则，别人对我们就会"敬而远之"。但也不可过分热情，若是太过于热情，会使人误以为你有什么企图。最好的做法应该表现得落落大方，温文尔雅，合乎中庸之道，别人才会"敬而悦之"。

举止略羞涩

羞涩这种神态，动作要适时、适度，若做得得当，则会增色不少，但千万不可故意做作，或羞得在人前抬不起头，说不出话来，甚至举止丧失常态，如此做法，就失去女孩应有的风度了。

穿着宜得体

女孩想要练就优雅的气质，穿衣时要谨记合时令着衣，断不可违时令着衣或穿奇装异服，以免给别人一种不好的印象。只要服饰端庄，整齐清洁，挺直大方，合乎身材，别人望之有股清秀之感就可以了。

说话要温柔

在与人交谈时，具有优雅气质的女孩不会滔滔不绝，粗声大气，语惊四座，或固执己见。她们会温柔细语地说话，更不会在别人说话时，随便插嘴，而是静静地听着，保持自己的优雅。

行动需大方

优雅女孩要特别注意自己的言行举止，不可忸怩作态或卖弄风骚，更不可打情骂俏。

不贪图小利

女孩要戒除贪小便宜的毛病，有些有不良企图之人就利用女孩这些弱点，投其所好，慢慢地把她们引入歧途。为此，女孩若能保持大方文雅的风度，不法之人的这种伎俩也就无法施展了。

能适时戒怒

女孩想要培养自己的优雅气质一定要戒怒，发火时要控制愤怒的情绪，冷静处理，面对一触即发的"战争"，可以一言不发，怒目以对，从1数到10以后，扭头走开。这样做，一方面可以保持文明的形象，另一方面在这种情况下，通常无法沟通，只会火上浇油，俗话说："忍一时风平浪静，退一步海阔天空。"

事实上，"世上无难事，只怕有心人"，如果女孩能从以上这些事情中去修炼自己，相信不久的将来，自己周围的人定会发现你的魅力所在。

快乐人生：活泼的女孩真美丽

亭亭玉立、活泼大方的花季女孩既美丽又独具魅力，你想成为这样的女孩吗？那就先做好下面的事吧！

克服羞怯心理

作为女孩子，当我们到一定年龄后，在与人交往时会感到羞怯，这种心理会使我们在生活中失去许多进取的良机，难以踏上成功的道路。为此，在日常学习和生活中，我们应该正确估计自己，树立自信心，在各种社交场合中顺其自然地表现自己，不要担心被注意。和他人交谈时，我们不妨看着对方的眼睛，多注意对方，这样我们的羞怯心理慢慢就会克服掉了。

勇于与人交流

有些女孩子性格内向，一般很少主动与陌生人交谈，在社交场合容易感到紧张，能力无法充分发挥。当遇到这种情况时，我们应该有目的地训练自己，向经常见面但交谈不多的人问好，在与陌生人交往时尽量放松，同时要多对自己进行自我暗示，把紧张情绪放松。这样一来，我们就能在任何人面前勇敢地表现自己，成为一个活泼、阳光的女孩了。

学会克制情绪

花季少女应该开朗活泼，积极向上，凡事尽可能往好的方面想。平时注意培养自己的良好情绪和情感，以信任和诚恳的态度对待别人。

有时偶尔的感情用事，往往会铸成无法弥补的大错。为此，作为女孩，我们应该心胸开阔，善于克制自己，理智地对待问题，才能使自己获得更多的快乐，让自己更阳光。

言谈举止大方得体

落落大方，是少女秀外慧中的本色；得体适度，是少女聪颖礼貌的特征。作为女孩，如果我们能在姿态上给人以大方有致的印象，在举止言谈上给人得体自然的感觉，那么我们就能赢得别人的欣赏。

同时，在打扮上，我们要追求朴实、清新的风格，与人交往注重礼貌、谦逊的风度，纯洁而正直，做到这些，才能算是一位活泼、阳光的好女孩。

活泼要适度

热情奔放、活泼好动是少女的天性，也是青春活力的体现。但是过于热情活泼，只会给别人带来对你的负面印象，甚至造成许多尴尬场面。为此，作为女孩的我们还要恰如其分地表现自己活泼的个性，这其实也是一种良好的修养！

修炼秘诀：微笑让女孩更阳光

想想看，我们的周围一定有不可爱的人吧！尽管如此，但他们对我们微笑时，我们会感到他们也有可取的优点。你是否有过这样的经历呢？一个衣服邋遢、满脸鼻涕的小孩绽开一脸天真无邪的笑时，你看了一定会不由自主地收起嫌恶吧！

常保持笑容的女孩，看起来一定很开朗很纯洁。千万不要认为常常微笑就好像卸除了外在武装，使自己的内心呈现在大家面前，缺点和短处就无处遁形了。事实上，笑容只会使我们留给别人美好的印象。

经常露出微笑的人，即使沉默寡言，也能吸引别人。如在谈话时，如果我们总是滔滔不绝，而对方却一笑也不笑，那么我们一定很失望吧。相反，如果对方对我们的每一句话都露出很感兴趣的微笑，我们必然会谈得更愉快，因为，微笑胜过一切语言，会让我们更加阳光，也更加有气质。

微笑是很重要的

现在，让我们一起闭上眼睛，放松心情，回想一下使自己忍不住发笑的情景，我们自然地就会双颊鼓起，唇角向两端翘，变得轻松可爱。

其实，只要我们心中时常想着快乐的事情，就能常记起微笑时的表情。这种放松脸上肌肉的训练是十分重要的。能自己创造快乐心情的女孩大多是笑口常开的，因此她们也一定有开朗生动的魅力。

如果我们常常保持明朗快乐的表情，露出亲切和笑容，就会特别出色，人也会显得特别阳光，成为大家都尊敬和喜欢的对象。

了解你的笑容特征

女孩，你是否了解自己的笑容具有哪些特征？这是你首先要做到的。一般人在照镜子时总是很严肃，因而就无法发现自己的笑容到底好不好。但模特儿和女演员却不一样，她们必须很了解自己的笑容特征，而且随时训练自己露出最迷人的笑容。

现在，请把你最近全部的照片都摆出来，从中挑出一张露出笑容的正面照片，如果没有的话，请人替你照一张。然后再分析，在笑时，你是否露出牙齿，或是紧抿着嘴唇？口型如何？眼角下垂吗？笑纹是怎样的呢？再在镜子面前，试摆出同样的笑容，看看这种表情自己是否感觉好看，能否留给别人好印象？

有一种叫"快乐脸"的图案，以黄色做底，只有眼睛、嘴巴用黑色的点和线描绘出来，是一种很简单的图案。这个图案任何人看了都很愉快。它的嘴角的两端向上，给人很亲切的感觉。如嘴角两端下垂的话，就好像一个无表情的木偶。嘴角下垂呈"人"型，看起来一定是严肃、呆板而顽固的，女孩脸上实在不适合出现这种表情。

嘴角两端微微地向上翘起，这是美丽笑容的一大要诀。如果你发现自己微笑时，两嘴角并不是微微上翘，那就一定要好好训练才行。

随时保持微笑

你知道微笑有什么作用吗？

让我们看看以下几点：

微笑传递的关爱，可以驱散心灵的孤寂；

微笑传递的温情，可以融化心灵的坚冰；

微笑传递的友善，可以放松戒备紧张的心情；

微笑传递的宽容，可以拉近心与心之间的距离；

微笑传递的信任，可以让人感受到你的真诚；

微笑如绵绵春雨，滋润干涸的心田，又似徐徐春风，抚平或舒展心灵的皱纹。

……

微笑的女孩，笑容绽放在脸上，心里充满阳光，虽然她们不能改变世界，但最起码可以使自己的周围温煦如春，暖意融融。微笑是和煦的春风，微笑是快乐的精灵，微笑是看不见的财富。

赞美别人时——请露出笑容，微笑会使我们的赞美更加有分量。

拜托别人时——请露出笑容，微笑会使对方无法拒绝我们的请求。

接受别人的礼物时——请露出笑容，加倍地让赠送的人感到我们的谢意。

在不得不发出"谏言"的时候，露出的笑容可使我们的话更加入耳中听。

对于初次见面的人，也请露出笑容。对方会觉得彼此之间像是老朋友般的亲切，给对方一见如故之感。

微笑这种"魔药"是无法用金钱买到的，而且具有金钱以外的效能，这是人身自备的礼物。从现在起，请拂去一切不良的杂质，发自内心地微笑吧！

心理检测：迷人微笑真迷人

亲爱的女孩，你喜欢把微笑带给大家吗？请做一下下面的测试吧！

1. 早上，你到公园或学校的第一句话是什么？

   A. 我昨晚没睡好。

   B. 早安！

   C. 刚才搭车时碰到一件新鲜事。

2. 以下三句话之中，你喜欢哪一句？

   A. 笑是对他人的不幸感到好玩。

   B. 笑来自优越感。

   C. 笑一笑，十年少；愁一愁，白了头。

3. 你认为在什么场合不宜或不可放声大笑？

   A. 在公园里。

   B. 在大街上。

   C. 在殡仪馆。

4. 人是会忍耐的动物，有时想笑却因为场合的缘故而忍住不敢笑出来，在这种情况下你会有什么感受？

   A. 这是种肉体上的痛苦。

   B. 没有什么感受。

   C. 贮足笑的劲儿，离开那场合便可大笑。

5. 你与什么人在一起时会无拘无束地欢笑？

A. 与陌生人在一起。

B. 与异性朋友在一起。

C. 和同龄的小姐妹在一起。

6. 遇到交通不畅通，你可能会说些什么话？

A. 真急死人了。

B. 今天一定会迟到。

C. 看来当原始人还好些。

7. 你的一个好同学得了头痛或牙痛之类的病，一时找不到药物。这时，以下哪句话可以起疗效？

A. 不要紧，回家休息就好了。

B. 来，让我教你医治的方法。

C. 到时装街去逛一圈就能治好。

8. 你认为以下哪一句话富有幽默感？

A. 世上本无祸福，全在于你对它的看法。

B. 人生就好像说外国话，大家彼此发着不正确的音。

C. 如果人生能再版的话，你将如何改正里面的错别字？

9. 当别人说笑时，你会怎么笑？

A. 冷笑。

B. 哈哈大笑。

C. 微笑。

10. 如果饲养宠物，你会养什么？

A. 1只大狼狗。

B. 2只小花猫。

C. 3只小白兔。

计分方法：其中，A、B、C、分别代表1分、2分、3分，将你所选择的选项分数相加，看总分是多少。

10分以下，你不会进行微笑社交，缺乏幽默感。

11~19分，你有时是幽默的，但精神不好时表现不出来，所以只要努力进行微笑社交，你将获得成功。

20分以上，你是一个幽默家，善于进行微笑社交，你将获得成功，周围的人会很喜欢你。

随心所愿：让你变得可爱的秘诀

你想做个受人喜爱的阳光女孩吗？这里有一些小秘诀，只要我们加以注意，就会变得阳光、可爱。

不要做大众情人

心性"博爱"的女孩，会使人敬而远之。为此，我们在结交异性朋友时，要注意把握好度，才会更可爱。

多交同性朋友

作为女孩，我们不能只结交异性朋友，还应该有许多同性朋友。当我们不如意的时候，她们会倾听我们的倾诉、拥抱我们、安慰我们；当我们有过错的时候，她们会规劝我们。为此，作为女孩的我们应该知道，女性朋友才是自己最好的伙伴。如果我们有许多诚挚可靠的朋友，那说明大家都很喜欢我们。

不要封闭自己

我们一定要注意，不要把自己装在套子里。

我们不要封闭自己，要多参加一些活动，多和人交流。这样，我们可爱的一面才会让更多的人知道!

具有特别的技艺

我们的姿容秀丽,虽然可以给他人深刻的印象,但还需要建立自己的形象和信心,培养一些属于我们自己的风格或专长。为此,作为女孩,我们在空闲的时候,可以滑旱冰、游泳,学一两样乐器,自己缝制衣服、编织毛衣,参加诗歌朗诵或演讲比赛,向报社投稿,或者学点烹饪、养花草等技艺。只有当我们懂的东西越多时,我们才会显得越加可爱,当然也就非常阳光了。

培养日常社交能力

虽然有时人多的场合我们会有些难为情,但千万不可因此做个隐形人。经历了我们最害怕的事后,以后就再无恐惧了。尽管我们的心在跳、手在抖,但只要我们勇敢跨出第一步,就好了。作为女孩,在生活中,我们千万不要画地为牢,要勇敢地走出去,做个让人看得见的人。要积极参加活动,如运动会、艺术展、戏剧展等,或者参加各种社团,如瑜伽社、跆拳道社、文艺社等。

我们可以选择适合自己的,努力去做,建立属于自己的特色,自然就会使大家抗拒不了我们的魅力,我们也就因此成了受人欢迎的女孩。

星星点点:女孩的可爱之处

每个人都喜欢可爱的女孩,可是,你觉得可爱女孩应该具有哪些特点呢?其实,在我们每个人的心里,都有一个标准,下面我们来看看,大家的标准是怎么样的吧!

外国人眼中的可爱女孩

在美国,曾有人对11万青年做过调查。总的来说,他们认为,可爱女孩应该具有这样的品性:热情、善良、和蔼,文雅、温柔,尤其是能体贴别人。

日本学者大西宪明曾对他们国家的青年进行过相关的问卷调查,多数男性日本青年觉得具有多种特点的女孩更可爱,这些特点主要表现在以下方面:

容貌姣好,富有魅力。

温文尔雅,谦恭有礼,富有同情心。

有爱心,像自己的母亲和姐姐。

只要和她在一起,自己的情绪就会安定下来,自己的痛苦和烦恼就会忘掉,甚至还会朦朦胧胧地产生一种无忧无虑的感觉。

即使对方只谈论自己的事,也会耐心地、笑吟吟地、真诚地侧耳倾听,并不断地点头表示赞同。

经常想到对方,不声不响地悉心照顾对方。

凡事注意分寸,尊重对方的意见。尽管自己很有学问,知识水平很高,也不以此来驳倒对方。

尽管神情温和而安详,但意志坚定,很有主见。

重视自我修养,通过自己的努力使自己日趋成熟。

我国青年眼中的可爱女孩

进入21世纪,大家都注重女性的知识修养、个性、风度等方面。调查发现,现代很多青年就"什么样的女性最可爱"这个问题的回答概括如下:

心地善良,爱情专一。

对人富于同情心，有人情味，能理解对方的心理，不勉强对方去做他不愿做的事。自尊自重不轻浮，真挚、热烈而持久。

性格开朗，乐观进取。

不斤斤计较、疑神疑鬼、唯己是从。对所爱的人充分信任，不干涉其与异性的交往。对学习、生活乐观自信，积极进取，在困难和问题面前不埋怨、指责他人，而是以女性特有的韧性在克服困难中去寻求幸福，并善于用知识和才华不断丰富、完善自己，做到自立、自强。

兴趣爱好广泛。

做事认真细致，不毛手毛脚、丢三落四；待人宽厚，不过多关心别人的私事，不爱谈论他人是非，不传播闲言碎语，能够融洽地与他人相处。

文静大方，气质高雅。

从上面大家认为的可爱女孩中我们可以看出，可爱女孩应该温柔而不软弱，开朗而不失文静，通达而不世故，细心而不拘泥，爱人而又自爱自强。

知道了可爱女孩应该具备的特点之后，我们再对照自己，把自己做得不好的改正过来，我们就会变成多数人都喜爱的可爱女孩了！

心灵筹码：你是讨人喜欢的女孩吗

严格说来，我们生活中的每一位阳光女孩，都是讨人喜欢的。但由于个人情况不同，受欢迎的程度也不同，那么，你是属于哪一类型呢？做了下面的测试以后你就明白了。

当你明白了自己受欢迎的程度后，希望你要找出自己不够完美的地方，扬长避短，争取做个人见人爱的阳光女孩。

1. 早晨起来，你的心情通常是：

A. 对新的一天充满向往。

B. 想到这一天要做的事就心烦意乱。

C. 挺心满意足的。

2. 看到街上的乞丐，你认为他们：

A. 活该。

B. 没好运气。

C. 有点令人同情。

3. 有人讲"完美的生活就是幸福的生活"，你赞成吗？

A. 完全赞成。

B. 部分同意。

C. 不同意。

4. 你对自己的未来是何态度？

A. 很自信，充满向往。

B. 相当忧虑。

C. 没想过。

5. 你觉得你目前的生活：

A. 非常丰富充实。

B. 充满坎坷。

C. 安稳但缺乏刺激。

D. 有点乏味。

E. 沉闷至极，令人沮丧。

6. 同宿舍的室友办生日聚会，最后一刻才打电话给你，因为有个人不能来了，你会：

A. 丢开一切,马上前往。

B. 考虑考虑。

C. 断然推掉——先前怎么没想到我?

7. 和新同学在一起,你常讲原来同学的闲话吗?

A. 是的,这使我兴趣盎然。

B. 如果内容无害,讲讲又何妨。

C. 我从不喜欢对别人说三道四。

8. 你觉得你在你们班的男生眼里怎么样?

A. 你在他们眼中有魅力。

B. 有趣,但不迷人。

C. 他们讨厌你。

D. 他们觉得你对异性不感兴趣。

9. 你认为你的童年生活:

A. 黯淡无光。

B. 充满生机和乐趣。

C. 平淡如水。

10. 朋友遇到困难,你总是:

A. 真心帮助他们。

B. 并不全力以赴,只是给一些指导和劝告。

C. 同情地倾听,但不伸出援助之手。

D. 希望他们找别人。

11. 你刚运动回来,朋友忽然登门拜访:

A. 依然热情接待。

B. 希望他们对此不要介意,态度较好。

C. 尽快送客出门。

D. 对门铃置之不理。

12. 你的朋友经常来探望你吗?

A. 是的，常常不请自来。

B. 如被邀请，有时会来。

C. 即使邀请也很少会来。

13. 童年的时候，你有：

A. 一个特别好的朋友。

B. 一大帮朋友。

C. 一个幻想中的朋友。

14. 星期天你常和谁在一起?

A. 和最知心的人。

B. 一个人出去结识新朋友。

C. 只我一人独行。

15. 你认为自己是：

A. 十分健谈的人。

B. 很好的倾听者。

C. 一个不善言谈又不爱听人讲话的人。

16. 你的朋友遇到困难，他们会来找你吗?

A. 经常如此。

B. 从来也不。

C. 有时会。

17. 你和朋友一起外出的机会多吗?

A. 一周有几个晚上。

B. 一个月中有两三回。

C. 极少。

18. 你喜欢下列哪些活动？

A. 跳舞。

B. 谈话。

C. 散步。

D. 聚会。

E. 读书。

答案及得分表：

题号	1	2	3	4	5	6	7	8	9
A	5	1	5	5	5	5	2	5	1
B	1	3	3	1	3	3	3	4	5
C	3	5	1	3	4	1	5	2	3
D					2			1	
E					1				
题号	10	11	12	13	14	15	16	17	18
A	5	5	5	3	3	5	3	5	3
B	3	4	3	5	5	3	1	3	4
C	2	2	1	1	4	1	5	1	2
D	1	1							5
E									1

解析结果如下：

73分以上为A型：很讨人喜欢。

你乐观开朗，乐于助人，宽容随和，并且懂得尊重别人；你与人交往的原则是互利互助；彼此独立，这使得别人感到与你在一起既愉快又轻松，你会受到大家衷心的欢迎。

55～72分为B型：讨人喜欢。

朋友们与你相交初期，一时难以达到融洽的地步。不过，随着时间的推移，你的品质和为人会赢得大家的尊敬。你不妨更多地敞开自己。

37～54分为C型：不很讨人喜欢。

你是个温和、善良的人，但缺乏足够的独立自主，遇事不大有主见，也不能给处在困难中的朋友以有效的建议和帮助，因此难以使人产生信赖的感觉。请试着使自己"立"起来，要明白与朋友交往是个展示人格与魅力的舞台，过度的依赖或过分的感情需求，只会使你趋于失败。

36分以下为D型：很少有人喜欢。

你主观上就拒绝与他人沟通交流。你认为自己一个人就能构成一个完整的世界，与人交往不仅无法使你愉快，反而会成为一种令你厌烦的负担。这样的心理状态，当然很难有好的朋友。请不要沾沾自喜，以为自己很独立、很潇洒，其实没有一个人是甘于寂寞、不需要他人安慰的，友谊和爱情是每个正常人都需要的。你不是不需要它们，只是你存在错觉而已。

第五章　做温柔的女孩

温柔是一种美丽，是我们女生独具的气质，它能折射出我们的兴趣情调、品质修养。那么，我们该如何才能做个温柔的女孩呢？我们一起来学习一下吧！

心理塑造：做一个柔情似水的女孩

我国古代著名文学作家曹雪芹在他的作品《红楼梦》中写道："女人是水做的，男人是泥做的。"不知你是否赞同他的这种说法。其实，人们之所以喜欢形容女人如水，主要是说她们表现出的气质如水一样温柔。

"温柔"是个很美丽的词汇。

女孩的温柔像一轮温煦的朝阳，自然淳朴，柔如乳汁，有着浓郁芳香和最原始的甘甜。温柔的女孩有自己独特的魅力，自由自在地生活，并感染着身边的人，给世界带来斑斓的色彩和馥郁的馨香。

在现代社会中，面对学习和工作的压力、生活的琐事，那么，女孩该怎样塑造自己温柔的气质呢？其实，只要女孩能够调整心态，完善个性，改变脾气，掌握技巧，运用方法，通过后天培养也可以使自己成为一个柔情似水的人，并成为一个温柔的阳光女孩。

调整好心态

俗话说："心态决定一切。"我们要想成为一个温柔的女孩，首先要有一个良好的心态，用我们真诚的感情去对待身边的人和事，只有先把自己的心理调适好后，才能做好每一件事，做一个温柔的人。

要有温柔的个性

天生丽质的女孩虽然很有吸引力,然而随着交往加深、了解增多,真正能够长久吸引住他人的却是我们的温柔个性,因为个性支配着一个人所有的态度和行为。人的性格受教育与环境熏陶,又依赖经历而定型,除非经历大事变,否则不太可能改变。

为此,女孩想要拥有温柔的个性,可以通过外表、心情、环境、色彩、音乐等因素的调整与运用,有意识地在自己身边形成一个能够影响甚至改变自己的情绪、心态乃至精神面貌的氛围,利用场景效应的作用来完善自己的个性,有效地使自己的性格变得温柔。

改变不良脾气

俗话说,"江山易改,本性难移",不温柔的女孩一般都具有不良的脾气,比如脾气暴躁、爱哭爱闹,什么事都以自我为中心。为此,建议想要让自己成为温柔的女孩,为了使自己的脾气变得温柔些,可以有意识地借助生活中的食物和事物帮助自己。比如,女孩可以选择吃一些有镇定功能的食物,收藏一些有助于温柔的玩具,阅读一些有助于温柔的读物,使用一些散发柔和气息的护肤护发用品,这些东西会在一定程度上有助于改变自己的坏脾气,从而使自己变得温柔。

掌握温柔的技巧

温柔能使女孩获得幸福,也是女孩的魅力所在。聪明的女孩不仅应该充分了解自己的优势,发掘自己的人生智慧,更应该掌握一些处世技巧。这些技巧包括:随时保持微笑,大方得体,有一颗善良的心,偶尔耍一下小脾气等。

温柔的女孩脸上永远带着微笑,和她在一起,令人身心舒畅。温柔的女孩子恬静如水,和她在一起,再暴躁的人也会变得安静。

温柔的女孩总是令人舒服惬意，除了温婉动人的容貌、细致体贴的性情，更重要的是那种从骨子里渗出来的清新感觉，令人难以忘怀。

为此，我们女孩光有温柔的天性还不够，还要体贴入微地关心爱护他人，如此才能得到大家的认可。

我们女孩应该明白，温柔犹如一坛封存的老酒，无须摇动，只需将坛口轻轻开启，芳香就会散发出来。

魅力修炼：要养成温柔的习惯

在我国，从古至今都有"女人如水"的说法，女孩可以不漂亮，可以不优雅，但是不能不温柔，不能不可爱，只有温柔可爱的女孩才更自然、更自信、更迷人、更能赢得更多人的关注和青睐。

温柔是一种气质，也是一种习惯，这种气质和习惯能够使我们不必有很高的学历，也不一定要有非凡的外表，但却能吸引许多人的眼球，受到他人的欢迎。那么，女孩的温柔习惯是怎样培养出来的呢？

看有助于培养温柔气质的书籍

大家都知道，学问改变气质，爱读书的女孩总是有种与众不同的优雅与温柔，正如女作家毕淑敏所说："日子一天一天地走，书要一页一页地读。读书的女人，更善于倾听，因为书训练了她们的耳朵，教会了她们谦逊，知道这世上多聪慧明达的贤人。"

爱读书的女孩可以从书中看到自己的生活，也可以把人生当作一本书来读，从书中增长知识，得到见识，从而充实自己的生活，使自己的家庭更加愉快，在生活中做一个成功可人的女孩。

不过，在我们的生活中，并不是所有的书籍都值得我们去看，都能引导我们变得温柔,聪明的女孩会去读一些经典书籍,而不是看时尚杂志或者快餐小说。

对我们女孩来讲,有选择地阅读非常重要,在信息爆炸与感情浮躁的现代社会,能够让人静下来多愁善感,让人变得温柔可爱的除了中外名著经典,唐诗宋词也是一种不错的选择。如果我们每天都阅读一首唐诗宋词,养成背诵诗歌的习惯,天长日久可以使自己越来越有内涵,成为一个出色的阳光女孩。

听轻音乐

音乐是一门艺术,令人愉快。音乐与人的生活情趣、审美情趣、言语、行为、人际关系等有一定的关联。高雅的音乐与低俗的音乐对人们的影响是大不相同的。一般而言,音乐之目的有二:一是以纯净之和声愉悦人的感官,二是令人感动或激发人的热情。

人们用音乐陶冶情操,从音乐中吸取力量,人生离不开音乐。音乐,是声音的诗歌;音乐,是人生的补药。为了更好地生活,我们当悉心倾听音乐;倾听音乐,才能更好地领悟音乐;领悟音乐,才能更好地驾驭生活。

我们女孩想要使自己变得温柔,可以经常听些轻音乐,如舒伯特的《小夜曲》、舒曼的《梦幻曲》或约翰·施特劳斯的《蓝色多瑙河》等。每天学习和工作之余,听一听动人的乐曲,让音乐来使自己紧张的内心获得平静。

穿体现温柔形象的衣着

许多女孩未必不温柔,只是因为她们想要保持矜持而故作冷艳,或者随便对待自己的日常修饰,结果就使人看不到她们温柔的形象。因此,我们女孩如果能在自己的穿着打扮上稍用点心,就能获得意想不到的效果。

一般说来,穿裙装的女孩最具女人味,裙装长短各有千秋,长裙有长裙的优雅，短裙有短裙的曼妙。因为裙子本身不仅使得女孩能够呈现绝妙的身材，同时，裙装优雅地显示出女孩美妙的形态，当她们款款而行时，裙装又妩媚地摇曳出女孩曼妙的姿态。一静一动之间，裙装将女孩所有的情调都极尽温柔地体现了出来。

除了穿裙装，软底鞋也能够极好地体现女孩婀娜的身姿及心态的放松。因为鞋底柔软能够随心所欲，全然没有穿高跟鞋的矜持与顾虑，心情愉悦，外表当然也会显得十分温柔。

吃合适的食品

研究表明，食物所具有的酸、甜、苦、辣、咸五味，有时能够左右人的性格。比方说，喜爱吃甜食的人性格温柔，对酸味情有独钟的人则少烦恼、多快乐。

食物之所以会对人的性格有所影响，主要在于其所含的营养成分对人的生理状况的影响。如蔬菜中钾的含量较高，可促进钠的排泄，能够镇定神经，为此，常常食用蔬菜的人性格比较平和；土豆、没有去掉表皮的粗面包能使人的心情愉快；燕麦中含有使人快乐的物质，所以常常喝燕麦粥的人性格较为幽默。

为此，想要变得温柔的女孩可以每天吃些帮助自己变得温柔的食物，如樱桃、香蕉、苹果、柠檬、燕麦、生姜、柚子、菠菜等。

做适当的运动

想要使自己变得温柔，我们还可以做些适当的运动来达到温柔的效果。这些运动有很多，如快走、慢跑、健身操、游泳、骑自行车、爬山、跳交谊舞、打保龄球等。它们的共同特点是低强度，有节奏，长时间，不间断，无高难度，也容易坚持。

这些都属于有氧运动，可提高机体的摄氧量，增进心肺功能，女孩长期坚持，不仅可以增加体内血红蛋白的数量，提高机体抵抗力，延缓衰老，还可以增强大脑皮层的工作效率和心肺功能。

研究显示，有氧运动不但能降低患严重疾病的风险，加快受伤或生病后的康复速度，同时因为有氧运动维持了肌肉能力、平衡性和协调性，还可以降低摔跤或受伤的风险。有氧运动还可以使人心情舒畅，不仅提高了自身的健康，还保持了心情的愉悦，从而使人变得温柔。

总之，我们的温柔可以体现在各个方面，为此，我们应该通过学习，认识自己、认识社会和切身体会，培养自己的温柔个性和习惯。温柔，让我们随时散发出阳光的色彩！

敞开心扉：柔情的语言可以打败一切

相信每个女孩的内心都一样，都比较喜欢打扮。但是，你知道吗？一个女孩如果只知道化妆打扮，而不懂得如何让自己的谈吐得体，就会像绣花枕头，金玉其外、败絮其中。

谈吐反映了一个人的风度、气质和学识。它不仅指言谈的内容，而且包括言谈的方式、姿态、表情、速度和声调等。为此，我们在与人交谈的过程中，要做到善听、善说。

善听就是指善于听别人说话，善说就是指善于和别人说话。在我们身边，有的女孩子衣着华丽，长得也很美，可谈起话来乏味、粗俗甚至夹杂着脏话，这样的女孩子只会令人反感。还有的女孩子在与人交流时过度紧张，总担心自己的言谈举止有失文雅，引来众多的非议，使表情、动作都变得十分僵硬，这样更是适得其反。

温柔的女孩子在与人说话时，应神情放松，不要矫揉造作。

一般来讲，与人说话面带喜色或嘴角含笑是一种容易让人接受的表情，微笑会使对方对自己产生好感，也会使对方在心理上感到轻松、愉快，增进谈话时的融洽气氛。具体说来，女孩子想要自己的谈吐表现出温柔的一面，必须做到善解人意、柔和含蓄。

理解

理解有利于心灵的沟通。人天生就有一种心理需求，希望得到别人的理解。而女孩子通常比男孩子更富有同情心，更善于体恤别人，因此那些能深切理解他人的语言，就格外能打动人和满足他人的心理需求。

柔和

说话和声细语、温柔，是很多女孩儿特有的语言风格，柔和的话语听起来使人倍感亲切。有人说："女人不能弱，弱了被人欺。"于是就出现了所谓的"泼辣妇"，她们说话比男人粗鲁，动作比男人彪悍，其实这是舍弃了女性自身的优势，走向了令人讨厌的歧路。

为此，我们女孩千万不能迷失了自己的本性，因为那样不仅不能得到大众的喜爱，还会平添数不清的烦恼。要知道柔能克刚。

含蓄

在与人说话时，不要直接陈述交谈的目的，我们可以正话反说，或者寓意象征、委婉迂回，这是含蓄。

撒娇

我们这里所说的撒娇，不是指只会说"嗯嗯""讨厌啦"之类的语气词，而是指人与人之间的一种柔和的情愫，它是我们女孩与生俱来的一种本领，也是少女可爱的表现。

会撒娇的女孩在大人眼里是很有魅力的，女孩的一个娇嗔、一个噘嘴，往往会使人们对她心生怜爱。撒娇是女孩的一种本领、一种技巧。如果用得恰到好处，不仅会招致长辈亲人的爱怜，还会让长辈亲人们觉得我们温柔、可爱。

或许有人会说，在我们身边，爱撒娇的女孩有很多啊，如果我们每个人都学着去撒娇，会不会适得其反呢？不过，我们应该想一想，虽然爱撒娇的女孩很多，但真正会恰到好处撒娇的女孩却很少。如果我们说一些尖酸刻薄、搬弄是非的话语，那么这种撒娇一用出来，就会令人生厌、大煞风景。所以，聪明的女孩应该懂得撒娇，适当的时候对适当的对象撒娇，才会有所收获，才能让人觉得我们是惹人爱的阳光女孩。

会撒娇的女孩多半都很会为父母着想，当父母劳累了一天回到家中，我们一见就温馨地撒娇道："亲爱的爸爸妈妈，你们回来啦！你们辛苦了！来，抱抱……"接着，我们为父母端茶倒水，然后，一边给爸爸或妈妈揉肩捶背，一边温柔地说逗他们开心的话……女孩这样撒娇，恐怕没一个父母会拒绝，相反，父母工作再累回到家也会觉得很甜。

女孩除了对自己父母撒娇外，还可以在学校里对老师撒娇。在老师面前，嘟着小嘴嗲一声"老师，这道题怎么做呢？""老师，您能帮帮我吗？"之类的软言细语，通常老师都会帮助自己，自己学习起来自然也会顺当得多。

当然，撒娇也不是单纯地发嗲，也不是简单地任性装嫩，它是一种学问、一种智慧，一种女孩与人交流的技巧。女孩要让这娇撒得有水准、有品位、有浪漫气息，为感情升温，为自己加分。

总之，我们女孩，在与人交谈的时候，要充分发挥自己性别的语言特色，自然展现自己的语言风采，这样才能产生让人难以忘怀的魅力。

关注细节：点滴打造温柔女孩

作家张爱玲说：生活的全部魅力都来自它的细碎之处。细节虽小，却构成了生活的全部。关注细节就是关注生活，讲究细节就是讲究生活的质量和品位。

一个温柔女孩的本质，也必须通过生活的点点滴滴才能显现出来，它是女孩骨子里散发出来的一种独特的气质，是从言语到行动，从内在的情愫到外在的服饰，细心地打造自己生活中的每一个环节，用我们那如发般细致的心为生活增添情趣，这样我们才能成为人们喜爱的阳光女孩。

柔情似水

世界上，无论哪个人，都不会喜欢粗俗、野蛮的女孩，也不会喜欢暴躁、粗心的女孩，更不会喜欢像男人一样毫无女人味的女孩。所以我们说，以柔克刚才是温柔的最高境界，温柔的女孩绝不会一遇到不顺心的事情就火冒三丈、暴跳如雷，她会不动声色地洞察其中的奥秘所在，然后用各种方法来化解种种难题。

面对气急败坏的人，她会报以甜甜的微笑；面对口出狂言的人，她会投以恬静的目光；面对心情沮丧的人，她会用亲切的语言鼓励他们重新振作起来。

声音甜美

一般说来，女孩温柔、谦和与真诚的声音非常吸引人。聪明的女孩会在悦耳的声音中加入精彩的内容，让声音成为吸引人们的美丽风景。

温柔的语言、亲切的态度、婉转的音调、平和的韵律加在一起，能让相貌平凡的女孩变得很有女人味，使其魅力倍增。这样的我们，即使无情的岁月让我们变老，其魅力也不会因此减弱。

为此，我们女孩应该尽量让自己的声音变得甜美，这样才能体现出女孩的温柔性情。天生一副好嗓子自然是我们的福分，如果嗓音天生不优美也不用着急，可以慢慢地进行训练，就像姣好的身材需要训练一样，甜美的声音也是可以通过训练实现的。

柔韧有度

女孩之温柔，绝不是娇娇怯怯，显得小里小气，见不得人、没有一点见识，更不是柔弱、柔顺，丧失了自己独立的人格和独立的个性。那种笑不露齿、行不动裙、言不高声、逆来顺受的女孩只是封建社会造成的"木偶"，并非现代女孩之美德。

女孩的温柔是柔中有刚、柔韧有度，高雅的情趣、落落大方的气度、文雅谦和的谈吐，无不显现出女孩的柔媚可爱，这些，才是女孩真正的温柔之美。

整洁卫生

温柔的女孩永远都是整洁的，绝对不会有邋里邋遢的时候，就算她们再辛苦、再累，她们也会把自己收拾得干干净净。

要知道，女孩的温柔就体现在细节上，散发出清新的味道，让人感受到她们无穷的魅力。

温柔风采：一举一动释放温柔

女孩的温柔无须粉饰，它是灵魂底蕴的散发，点点滴滴都体现在我们的一举一动上。

有实验发现，一个女性要向外界传达完整的信息，单纯的语言成分只占7％，声调占38％，另外55％的信息都需要由身体语言来传达，因为肢体语言通常是一个人下意识的举动，所以它很少具有欺骗性。

也就是说，任何与社会交往有关的事物都可能出现两种现象：第一种的交流是语言性的，第二种是非语言性的，其表达能力要比语言强5倍左右。为此，女孩想要树立自己的温柔形象，可以用自己的肢体动作来达到理想的效果。

温柔的眼部动作

女孩温柔的动作首先应该体现在眼神，判断一个女孩温不温柔，她的眼睛就可以告诉你。温柔的眼神显出一种懵懂的神态，温柔的眼睛一眨一眨，既生动又羞羞答答的，充溢着欲言又止、千肠百转的感情。

温柔的倾听动作

女孩专注倾听也可以显示自己温柔的一面，善于倾听的女孩，不仅能够给别人最大的安慰，同时也拥有了无法估量的财富。

耐心倾听是一门处世的艺术。如果一个温柔、不矫揉造作的女孩对别人的话入了迷，她所发出的信息总是显示她已经把谈话的每个字都听进去了，这种女孩很容易获得别人的好感。

温柔的手部动作

握手是增加彼此信任的最好方式之一。调查发现，手心干爽的女孩性格开朗，手心潮湿的女孩性情较内向。握手时手心朝上的女孩多柔顺且易于相处，手心朝下的女孩多争强好胜具有领导欲，而只伸出手指的女孩多精于世故。

为此，女孩想要用手部动作来表现自己的温柔一面，可以在与人握手时做到稍稍手心朝上。并且，在握手的同时，眼睛应和善地望着对方的眼睛，身体微微向前倾斜，用右手很自然地轻轻握住对方的手，如果手上有东西，不要挂在肘弯上，而应用左手拿住。

温柔的胸部动作

一般人认为，喜欢挺胸的女孩充满自信，心中没有传统的女卑理念，是当代女孩的代表，也表明她们的心态健康而积极。而喜欢含胸的女孩不那么自信，或者天性羞涩，她们多愁善感，渴望被人喜欢又缺少勇气，只会默默等待，其实这类女孩正是温柔女孩的另一种表现。

每个人的外在动作都是其内心世界的外在表现，女孩要想在自己的肢体动作上让人觉得自己温柔，关键在于每个动作的柔度，它讲究一种温馨的氛围，一种情意绵绵的意境。女孩要是明白了这种意境，便会从心底做出感应，让自己的温柔绵绵不绝。

特别支招：温柔女孩温顺而不软弱

你是不是想做一个温柔的女生呢？但是，告诉你，真正温柔的女孩，还有一个重要的特点，就是温顺而不软弱。

在现实生活中，有的女孩在挫折面前畏缩不前，有的女孩厌世悲观绝望，也有的女孩在恶势力面前屈服从命等，这些情况都是因为女孩的软弱所造成的。

其实，性格软弱也许是某些女孩的弱点，但是，绝不能将其与温柔相提并论。因为温柔是女孩的一种美德，而软弱则是女孩人生路上的绊脚石，为此，女孩应该温柔而不软弱，要有自己的主见。

那么，女孩怎样才能变软弱为温柔呢？下面就来学习一下吧！

重塑性格

任何人都可以养成坚强的性格，不过，软弱的女孩大多有内向的气质，养成外向型坚强性格的确有困难。但是，内向型坚强性格却是可以锻炼出来的。内向型坚强性格有三个特点：不锋芒毕露但有韧性；不热情奔放但有主见；不强词夺理但能坚持正确意见。

坚持自己

女孩战胜软弱的心理基础是自己看得起自己，敢于坚持己见，尤其是面对飞扬跋扈的所谓"强人"的时候，女孩更应该首先看到自己的优势。

敢于反击

性格软弱的女孩要学会反击。懦弱的人大多没有当众发脾气的勇气，而习惯于沉默和忍受。坚持己见，就要敢于适时反击，虽然有一定难度，但可以慢慢改变。

直接反驳

软弱的女孩对于别人的误解与无端的责难总习惯妥协。战胜懦弱的方法就是要学会对别人的无礼冒犯直接反驳，绝不妥协。

行为武装

性格软弱的女孩还可以通过改善自己的日常行为来改变自己的心理素质。如果你习惯软弱，就从行为上这样武装自己：

遇见你害怕的人，不要绕道走，坚持自己原本的线路；

身体站直，挺起胸膛与别人讲话；

讲话时盯住对方的眼睛，开始做不到的话，就去盯住对方的鼻梁；

声音洪亮，如果对方声音超过你，就把声音变轻；

保持与对方的沉默间隔，不要急于说话；

不要轻易用"对不起"之类示弱的话。

这样强化了自己的行为，你就会感到自己突然变得坚强了。

你也可以发挥一下"模糊概念"的魔法，特别是有些鸡毛蒜皮的小事，即使弄得清清楚楚，又有什么意义呢？完全可以撂下不管。对于不太重要的事情，更不必钻牛角尖。只有对这些小事糊涂一些，才能真正体会到生活的乐趣，也才能有充沛的精力处理大事，进而有所发现、有所领悟、有所建树。

其他对策

软弱的女孩还要加强独立自主能力的培养，不要过分追求安全感。放下思想包袱，依靠个人的努力，积极克服自身的弱点，避免因懦弱所造成的心理紧张，消除消极的自我逃避式的心理防御。

风是温柔的，但是它能化解厚厚的坚冰；水是温柔的，但棱角尖锐的石头也会被它悄无声息地磨平。对我们女孩而言，温柔不仅具有一种和风细雨的阴柔之美，它更是一种不可忽视的力量。但是，我们必须清楚的是，温柔绝对不等于软弱！

美妙检测：你是一个温柔的女孩吗

我们每个人，不管是男人或者女人，都有温柔的一面。无论时尚的风潮吹向哪里，温柔、女孩化的风格永远不会落伍。那么，你觉得自己是个温柔的人吗？通过以下的测试，你可以了解自己的温柔指数。

1. 你曾以哪一种姿态，仰望下着小雨的天空？

A. 倚窗伫立，抱胸抬眼。（1分）

B. 仰身或坐着，手肘倚窗，双掌托腮。（2分）

2. 小皮球落入你家院子，你会如何？

A. 弯腰拾起，抛给院外捡球的孩童。（4分）

B. 打开院子的门，让孩童进来捡拾。（7分）

解析：5分A型；6分B型；8分C型；9分D型。

A型的你有着距离式的温柔，是平静的，是不给人压力的。这样的你，懂得体谅人，让人能很好地与你相处。

B型的你有着被动式的温柔，总是期盼，总在等待，非得别人有所表现才会给予回应，有着孩子般纯真依赖的心，带些稚气却又不失女人味。

C型的你有着互动式的温柔，当你在付出温柔时，其实也会想要得到对方的一些温柔，这样的温柔，你是怀着期盼，隐含需求，难免会给对方一定的压力。

D型的你有着附和式的温柔，会为了一些人或一些事而令自己温柔，这样的温柔，需要对方主导，有赖别人配合，不失求索的心态，有点演戏的感觉，却也发自内心。

第六章　淑女速成季

　　"淑"指心地善良、性格温柔，淑女是外在形象和内在修养的优雅综合。淑女不是格格不入、自命清高，而是能够包容他人，懂得尊重别人。成为淑女，需要我们从里到外地修炼。

特别准则：校园淑女的标准

古诗云："窈窕淑女，君子好逑。"作为年轻的女孩，你知道怎样的女孩才能算是淑女吗？或许，你会说会打扮、不做作、有内涵的女孩就是淑女。

其实，淑女，单从字面上理解是指德才兼备的女子，淑女是在传统美德基础上又不失现代社会价值的女生，是新文明、新文化、新时代背景下的阳光女孩，是有很多客观认定条件的。

形象优雅

作为一个淑女，首先在气质上要体现优雅。如曹雪芹笔下的红楼女孩，个个都是女孩中的极品，其中，又以多愁善感的林黛玉最具代表性。林妹妹既是"才女"的代表，也是"淑女"的典范。对于黛玉而言，其贤淑的一面，首先表现在优雅。

她们时而情感流溢，时而娇羞万千；时而如水温柔，时而天真可爱；时而风趣盎然，浑身散发着女孩的清纯气息。当然，她们也会因落寞而难过，也会因感动而掉泪，她们知道该在什么时候出现，也知道该如何表现自己的美丽。

心地善良

心地善良应当是校园淑女的第二项标准。

人的最高修养是什么？是有一副善良的心肠。为什么这样说呢？是因为我们看一个人，关键是看他的心是否善良。只要他是一个善良的人，就不会为非作歹，不会嫉妒人，不会笑话人，不会排挤人，不会看到弱者不去帮忙，富有同情心、关爱心、怜悯心。

为人豁达

豁达，即胸襟开阔。《辞海》在解释"豁达"一词时引用了潘岳的《西征赋》："观夫汉高之兴也，非徒聪明神武，豁达大度而已也。"不难看出，汉高祖之所以能在"楚汉之争"中打败项羽，与他的豁达关系甚大。

豁达是一种修养，是美德，是崇高的思想境界，更是能让人受用终生的宝贵财富，它集中体现于四个字：宽、谦、忍、远。

为人豁达可以表现出一个人的气质及人格。一个有所建树的人，往往与他的忍耐、忍受、忍让有密切关系。一点就着、遇到困难就打退堂鼓的人，十有八九很难成事。多数情况下，豁达更是为人做事不可或缺的修养。

人们常说，"忍一时风平浪静，退一步海阔天空"。从一些平凡的小事上便能看出一个人的睿智，为人如此，成事亦然。

举止端庄

端庄，即端正庄重。自古以来，"端庄"就是女性的专用名词。端庄之于女性，不仅是一种外在形象，还显示一种高贵的气度，一种深厚的修养，一种文化的底蕴。

端庄的女孩不一定有娇艳欲滴的容颜、性感柔媚的身躯，但一定是气质动人，充满自信。端庄女孩的一言一行、一举一动，都彬彬有礼，温文尔雅，周到得体。端庄的女孩可以有精致的面部装扮、适宜的发型，穿着有品位的服饰，也可以是素面朝天，展现出一种未经任何人工雕饰的清新自然的装扮。

端庄来自我们内心深处，它是一种由内到外散发出的独特的气息，端庄不是与生俱来的，它是女性文化、品德、职业等诸多元素沉淀积累的一种升华。端庄的女孩站在哪里都是一道靓丽的风景线，给人愉悦，让人舒畅，令人欣慰。

我们作为女孩，一定要端庄，要秀出自己的高雅，不一定非"高档"不买，非"名牌"不穿。通过自身的努力，时时在知识的海洋里遨游，在厚厚的书卷中熏陶，言行举止自然而然地也就会端庄起来。

秀外慧中

秀外慧中是指"上得厅堂，下得厨房"的女性，这类女性也是淑女中的典型。

聪明才智

智慧是环绕在女性头上的一道闪亮的光环，从她们明亮的眼睛里透出，从她们甜蜜的微笑中透出，从她们风情万种的仪态中透出，从她们艰苦卓绝的奋斗中透出。拥有智慧的女人是与众不同的，她们机智灵敏，勇敢坚定，行动敏捷，开朗乐观，透着灵气的美。

而女孩要想具有聪明的才学，只有通过认真学习，与时俱进，才能见识宽广，知识渊博，才能在社会上长久立于不败之地。

狭窄的知识面会使她们无法适应瞬息万变的社会，无法跟上时代。只有广泛阅读各类书籍，如哲学、文学、天文、地理、历史、音乐、美术、科普、教育、心理、思想修养等，眼前才会打开一个多彩的世界，才会有一种豁然开朗的感觉。

人生本来就蕴藏着无数哲理,只是我们还没有领悟到。这些书籍会给我们许多启迪。

自尊自强

现今社会,越来越多的女性走在了时代的前列,思想与时俱进,在事业上与男人并肩而行。作为一个女孩,一定要保持好健康的心态、健康的身体。只有身心健康,才能容光焕发,学习才能得心应手,只要勇敢地面对生活,做到自尊、自爱、自立、自强,就一定能赢得他人的尊重。

女孩自强,就要从人格与心理上做到自尊、自爱。首先自己要尊重自己,才会得到别人的尊重。

一个女孩可以生得不漂亮,但是一定要活得漂亮,一个自强、自立的女孩,是充满魅力的女孩,也是一个成功的女孩。为此,自尊自强也是校园淑女的另一标准。

因为,我们拥有了自尊自强,也就拥有了永恒的美丽。无论什么时候,渊博的知识、良好的修养、文明的举止、优雅的谈吐、博大的胸怀,以及一颗充满爱的心,都会让我们活得足够充实。一个人只要不自弃,没有谁可以阻碍他的进步。

总之,我们应当通过学习,更好地认识自己、认识社会,培养自己的个人魅力,才能使自己在学习和生活中做到最好,成为一个大家欣赏的阳光女孩。

颐养身心:完美淑女的内在修养

前面我们了解了淑女的标准,现在,我们一起来学做一个充满魅力的淑女吧！也许，有的女孩会说，我天生丽质，不需要学做淑女。

但要知道，女孩的外表美最终是会被岁月刻上痕迹的，而淑女的美则主要是来自内在的修养。可以说，没有修养的女孩就没有底蕴，如同一朵美丽的花没有芳香一样。为此，我们女孩必须注重自己的内在修养，从内在的精神世界来充实自己。

要读书充实自己

我们要想做一个具有内在修养的淑女，首先必须增长自己的知识，这样才能使它枝繁叶茂。因为有修养的女孩，心灵纯净，而净化心灵的最好办法是吸取智慧，吸取智慧的最好办法是阅读。"书中自有好风光"，读书破万卷的人，心中不会存有一池污水。知识能够改变命运，同样，知识可以培养女孩的内在修养。所以，我们想要做淑女，就要多读一些书，不断地充实自己、完善自己。

有一颗宽容的心

具有内在修养的女孩，必然有一颗宽容的心。宽容，就是在与人相处时，能设身处地为别人着想，充分地理解人、体谅人；在受到别人错怪时，能原谅别人，不斤斤计较。

许多女孩在学习、生活、人际交往中，总是有着数不尽的烦恼。这样的女孩，其实就是太在意自己的得与失。

而具有内涵的淑女，明白"予人玫瑰，手留余香"的道理，知道宽容别人其实就是解放自己。宽容别人，自己的心灵也得到平静，就能远离痛苦、绝望、愤怒和伤害。

她们对别人能够体谅，能学人之长，也能补人之短；不当众揭人短处或讲别人忌讳的事情，不在背后议论别人。她们知道，取笑别人的弱点，非但不道德，反而说明自己人格的低下。

有颗充满爱的心

具有内在修养的女孩，必然有颗充满爱的心，爱家人，爱朋友，爱别人，爱自己……这样的女孩，虽然也会为生活和学习中的烦心事而烦恼，但我们从她们的眼中看不到怨恨，看到的只会是纯净、柔情和雅致。

随时保持好形象

具有内在修养的女孩，无论在什么场合都得注意保持自己淑女的形象。在社交中，她们能够恰如其分地与人交往、树立好的形象。不迂腐古板、不做作卖弄、不狂傲张扬。她们诚实、真诚。她们对自己的风度之美既不掩饰也不虚饰，对他人美的风度既不嫉妒也不贬斥。

具有平和的心态

具有内在修养的淑女有一个平和的心态，她们懂得自尊自爱、自我克制，不会因别人的诱惑而熏染；她们独立、自主，不在依赖中迷失自己。成功之时，她们冷静清醒；困难来临，她们不呼天抢地……总之，她们驾驭着"日子"这辆马车，不温不火、不疾不徐，总保持着自己的那份安然、优雅、悠然自得。

她们不会刻意地去追求一些时尚的潮流，改变自己原有的品位，但她们懂得如何去妆点自己，用心营造一个属于自己的平静的生活环境，拥有高雅的爱好和情趣，善于用眼睛去发现身边的美，并用心去感受。她们不会让无聊、平庸的事情来破坏自己平静的生活，在繁华浮躁的世界中，能让自己的心归于平淡。

私房建议：塑造自己的淑女形象

俗话说："人靠衣装马靠鞍。"这话充分说明了穿着打扮对于一个人的重要性。一个女性，特别是青春期的花季少女，如果不重视自己的穿着打扮，不重视自己的仪表仪容，即使是天生丽质，也很难能吸引大家的目光。

可以说，一个淑女外在形象的好坏，直接关系到她社交活动的成功与失败。虽然外在形象的好与坏没有什么固定标准，但是否得体优雅是人们常用的标尺。为此，不管是在公共场所，还是在私人聚会，作为一个淑女都必须注重自己的外在形象。

在校学习期间是不需要化妆的，素面朝天、清新自然。但在一些社交活动场合可以适当化些淡妆。

淑女的发型设计

发型是形象的首要标志，一般而言，太短的头发会让女孩少了一些女人味，多了些男孩子气；怪异、嬉皮式的发型，即使配上再温柔的脸，也会给人留下怪诞的印象，而清新飘逸的长发，会显露出女孩的温柔和娴雅。因此，女孩想要在外形上给人以淑女的印象，最好留一头飘逸的长发。

淑女的面部妆容

你知道吗？塑造淑女形象关键在于用心，清新、雅致、恰到好处的妆容是淑女的典型仪表。但恰到好处的妆容似乎又难以完全企及。不过，掌握它并不难，只要用心，完全可以"妆"出美丽淑女来。

一般认为，淑女适宜化淡妆，淡妆令人赏心悦目，给人干净、淡雅的感觉。同时，对面部的化妆要求，特殊的脸型还必须遵循四大化妆原则，即以五官为基础，以修补轮廓为手段，以肤色深浅做参考，以着装整体完美自然为目的。

淑女的肌肤保养

在肌肤保养上，一定要随时保持干净，不能肤色不均、暗沉，甚至长很多痘痘。护肤品应以浓度来分先后，先是水状、露状，然后是膏状，不可心急，每天坚持。

生活中还要注意不熬夜，不吸烟，多吃清淡的食物和蔬菜水果。另外，还要注意加强锻炼，并注意排除体内毒素。

淑女的着装搭配

我们每一个人的身材，不是生来就完美无缺的，总会存在这样或那样的缺陷，比如有的女孩偏胖，有的女孩偏瘦，有的腰粗，有的腿较弯。其实，这些都不是问题，只要我们善于巧妙地着装，精心地搭配衣服，完全可以掩饰这些缺陷，塑造出窈窕淑女的形象。

下面就是装扮淑女形象、掩饰身材缺陷的着装小窍门：

娇小的女孩想显得较高挑，应该选择明暗度相似的色彩组合，如浅色外套内配相似色系的上衣、长裙，深色系外套与裙子配浅色上衣。

高瘦或高胖的女孩宜穿色彩鲜明的上装，再配上一条宽裙，外束一条腰带，这种装束可使高人"变矮"。

矮胖的女孩如果穿上颜色明快的衣衫，切记不要将衬衣下部束在裤子里，这样会给人以身段分为两截的感觉。要尽量把裤子做得长些，让裤管遮住脚后跟，盖住鞋的脚面。站立或行走时要挺直腰身，这会给人以高挑的感觉。

大腿粗的女孩，最佳款式是直筒设计，贴身裁剪不仅不能让腿部修长，还会盖住大腿与小腿的腿围差距，忌穿大腿曲线一览无余的弹性质地裙裤，它会将他人的视线聚焦在大腿上。

腿太细的女孩不适合穿紧身裙子，相反，穿造型修长、挺阔一点的裤子才会比较漂亮，比如用全毛面料制作的长裤。在色彩选择上以偏向明亮、淡雅的色调为宜，穿上这样的长裤自然会显得双腿丰满了许多。

罗圈腿的女孩不宜穿紧身裤，特别是短裤或迷你裙。可以穿宽松的长裤或裙裤，或长下摆的裙子等，以不露出罗圈腿为准。

X形腿的女孩可以着喇叭裤，因为喇叭裤的裤型强化了曲线的变化，使X型腿女孩穿上它别有韵味，变不利为有利。

胸围较大的女孩应避免穿蓬松、低圆领口、浅色系的针织衫、紧身或太松垮的上衣，应该尽量穿着无接缝的莱卡面料的胸衣，避免无谓的膨胀感。

臀围较大的女孩应避免厚重面料、细腰长裤、大蓬裙以及后部有过大或过小贴袋的裤子。让衬衫衣摆自然下垂在外，搭配宽松长裤，或者长裤两侧有口袋，口袋位置稍微成"八"字形，以美化臀部线条。

淑女的饰品选择

通常来说，女孩选择带水钻而又简单的饰品，会为自己素净的服装加分。一套素净的服装上有闪亮的地方看着才舒服，但饰品不可佩戴太多，不要太明显的耳环、项链、发夹一起上，如果戴项链，就选小巧精致的耳环，戴发夹的话最好不要再戴太醒目的项链，不然会让人觉得太暴发气了。

淑女的肢体修饰

肢部也就是手臂、腿和脚部。在人际交往中，人的肢体因为动作最多，经常会受到特别的关注。

首先是我们手的修饰。在人际交往中，上肢往往是人们运用最频繁的身体部位。为此，我们要勤洗手、修指甲，不要指甲里满是脏东西，还要保持手润滑细腻，经常涂抹护手霜。

其次是腿脚的修饰。我们女孩千万不要被别人看成"凤凰头，扫帚脚"，在穿鞋前，首先要细心清洁好鞋面、鞋跟等，做到一尘不染。

外在形象可以使一个人美名远扬。一个人的外在形象是可以改变的，关键是看我们怎样去把握。当然，每个人都希望把自己变得更完美，所以只要我们稍稍努力就可以改变自己的形象，而且，我们的形象反过来也会影响自己的所作所为，塑造一个全新的"自我"，这样，我们的外在形象就将是一个阳光淑女的样子了。

重要步骤：做一个有知识的淑女

拥有完美的外表仅仅是为我们的形象做的表面功夫，虽然表面功夫非常重要，但是作为淑女的我们想要不俗，还必须借助文化修养来提升和完善自己，让自己在美的层次上升级。

为此，聪明的女孩还要积极、努力地学习很多知识，不断地充实自己，以使自己更完美更充实，成为一个独具特色的阳光女孩。

给自己明确定位

首先要对自己的情况有一个全面的了解，比如我是一个怎样的人？我想做什么事情？我对什么样的事情感兴趣？我适合向哪个方向发展？然后给自己确定一个目标，做个详细的规划，可以是半年也可以是一年，给自己在这个时间段里安排具体的任务，从而坚持不懈地去努力。

恰当地包装自己

"充电"不仅仅是指知识上的增加，还有外表上的改变。就像商品有美丽的包装才卖得更快一样，女孩也需要对自己进行合适的包装。虽然容貌是由父母给的，但是气质和谈吐却可以通过后天的努力塑造而成。

因此，聪明的女孩要懂得在举止、谈吐上对自己进行优雅的包装，恰当地展示自己，让周围的人更好地了解自己。

及时地修正自己

聪明的女孩清楚现实的自己和理想中的自己还有多大的差距，该怎样去弥补才能让自己更完美。我们要想做淑女，就要懂得及时反省自己，及时修正自己，让自己变得更加完美。

总之，身处在瞬息万变的社会，我们只有不断地充实自己，学习新的知识，才能在未来的路上走得更远，才能让自己随时保持无穷的魅力。

淑女风范：淑女必知的餐桌礼仪

大家都知道，在我国古代，女孩通常深养闺中，尤其贤淑的女子更是不出闺门一步。但现代则不同，女孩和男孩一样，要出席各种场合，要与形形色色的人打交道，要参加很多应酬，这就要求我们女孩不仅要注重自己的外在形象，还要注意自己的日常举止，否则我们的美丽就会大打折扣。

一般说来，通过餐桌上的用餐礼仪能看出一个女孩有没有文化和修养，为此，如果我们女孩希望自己在用餐时也能展现淑女的风范，一定要注意餐桌上的礼仪。

入座礼仪

如果我们是以主人的身份举办宴会，身为女主人，我们要逐一邀请所有宾客入座，如果没有特别的主客之分，有长辈在场，必须礼让他们，否则女士们可以大方地先行入座。

有服务员或男伴代为拉开座椅那当然是最方便的，但如果遇到需要自己动手的情况，就要注意避免发出摩擦地板的声音。

外出用餐时，女孩免不了会随身携带包包，入座时应该将包包放在背部与椅背间，而不是随便放在餐桌上或地上。坐定之后，我们要保持端正的坐姿，但也不必僵硬得像个木头人，并且注意与餐桌保持适当的距离。如果中途需要离席，跟同桌的人招呼一声是绝对必要的。

餐巾的使用

必须等大家都坐定之后才开始使用餐巾。餐巾打开后，应该摊平放在大腿上，千万不要放进领口，因为3岁小女孩这样做或许很可爱，但成熟的女孩这样做就显得不够文雅了。

餐巾的主要功能是防止食物弄脏衣服，以及擦掉嘴唇与手上的油渍，请不要用它来擦鼻子，因为这样既不雅观也不卫生。

另外，有的女孩或许会担心餐具的卫生问题，因而用餐巾来擦拭餐具，其实这是很不礼貌的举动，会造成餐厅或主人的难堪，作为淑女一定要杜绝这种行为。

用餐礼仪

在餐桌上，不论是正式的聚餐，还是小型的聚会，面对一桌子美味佳肴，不要急于动筷子，必须等主人动筷说"请"之后才能动筷。主人举杯示意开始，客人才能用餐。

在条件允许的情况下，夹菜时要使用公筷，夹菜要适量，不要取得过多，以免吃不了剩下。盘中食物吃完后，如不够，可以再取。如由服务员分菜，需增添时，待服务员送上时再取，不能用筷子随意翻动盘中的菜。

如果遇到我们不能吃或不爱吃的菜肴，当服务员上菜或主人请我们夹菜时，我们不要拒绝，可以取少量放在盘内，并表示"谢谢，够了"。对不合自己口味的菜，不要显露出难堪的表情，我们可以很少地夹一点，放在盘中，不要吃掉，当这道菜再传到自己面前时可以不再夹这道菜。

在用餐途中绝不可将手肘置于桌面上，除非在撤菜后、上菜前的短时间间歇状态时可偶尔为之，但仍需注意姿态的挺直与优美，不可弯腰将头托在手中，露出疲倦之态。

吃东西时要文雅，闭嘴咀嚼，喝汤不要啜饮，吃东西最好不要发出声音。如汤、菜太热，可待稍凉后再吃，切勿用嘴吹。嘴内有食物时，不要说话。

进食时尽可能不咳嗽、打喷嚏、打呵欠、擤鼻涕，万一不能抑制，要用手帕、餐巾纸遮挡口鼻，转身，脸侧向一方，低头尽量压低声音。

就餐时嘴巴上难免会留下一些痕迹。要勤用餐巾纸擦拭嘴巴和手指，否则看起来不雅观，有时甚至会倒人胃口。

嘴中的鱼刺、骨头不要直接外吐，用餐巾掩嘴，或用手取出，放在菜盘内。

不要径自在餐桌上用牙签，即使自己觉得牙缝塞了东西，可暂时告退到洗手间去好好漱一漱口，或者用牙签剔一剔。

进餐时，如果携带手机，宜调为振动，如果需要接听手机，应该礼貌地和同桌就餐的人说一声"对不起，我出去接个电话"，而不应该在餐桌上与来电者大声地没完没了地讲话。

用餐时不要吃得太快，嘴里的食物下咽后，再吃另一口食物。假如嘴里塞满食物，同时又说着话，即使说的是精彩绝伦的话题，只怕也没有人能听得懂。如果在用餐时确实有话要说，最好只与邻近的客人交谈，因为只有这样才能保证声调缓和。

送食物入口时，两肘应向内，不要向两旁张开，碰及邻座。自己手上持刀叉、筷子、调羹，或他人在咀嚼食物时，均应避免跟人说话或敬酒。食物带汁，不能匆忙送入口，否则汤汁滴在桌布上极为不雅。切忌用手指掏牙，应用牙签，并以手或手帕遮掩。

如想要取用摆在同桌其他客人面前的调味品，应请邻座客人帮忙传递，不可伸手横越取物。

作为客人，进餐时的心态要愉快平和。无论主人照顾是否周到、菜肴是否可口，都应表现出高兴的神态。

吃完后，餐具务必摆放整齐，不可凌乱放置。餐巾也应折好，放在桌上。用餐完毕，必须等主人离席后，其他的人才能离座。

总之，得体的用餐能体现出淑女的涵养，女孩们一定要做好哦！

大显才华：出行中显出淑女的风度

随着一天天地长大，我们获得独自外出的机会越来越多，在外出游玩或者上学时，你喜欢选择什么交通工具出行呢？或许你会选择坐飞机，也或许会选择坐火车、坐汽车、打的，或者坐地铁等，不管我们选择什么交通工具出行，为了显出自己的淑女风度，我们随时随地都应不失出行礼节，这样才能显出我们女孩的独特魅力，成为一个大家都很喜爱的阳光淑女。

坐飞机的礼仪

外出时，如果我们选择坐飞机，轻装便行非常重要，手提物品不能太多太大。有的女孩在坐飞机时，手中拿好几个纸袋子，看上去不仅不方便，还显得不得体。

上飞机后，我们要遵守一切规章制度，最基本的一点是坐下来时，要把安全带系好，等待起飞。并且，在整个飞行的过程中，我们都要把安全带系好。因为飞机可能遇到意想不到的气流，有时出现相当厉害的颠簸。

如果在飞行途中坐累了，我们可以躺下休息。但在把座位放倒之前，要先向后座的乘客打声招呼；另外，去洗手间之类的事，要尽可能在飞机起、降之前完毕。在飞机上也不应与人大声地聊天,那样是不礼貌的表现。

在飞机上需要使用手机时,应先询问工作人员是否方便,并且不要打扰到旁边的人。

下飞机时,不要拥挤着冲出机舱,应该排队,按顺序走出去。

坐火车的礼仪

如果选择坐火车外出,我们的行李最好是轻便的、可以拖动的,因为很多火车没有托运。较大的行李要放在行李架上,不要把别人的座位占了。

有的女孩喜欢把鞋脱了,伸出脚搁在对面座位上,这样非但不雅观,对对面旅客也极不尊重,尤其是自己的袜子有异味时。

特别要注意的是不要大声聊天,每个人都应该自觉保持车厢的安静。请把你的废弃物放入垃圾箱内,有的不自觉的女孩,把这些东西随便丢在座位下面,这样是非常不卫生的。自觉保持车厢的整洁也是我们每个人应该努力做到的。

有的女孩在如厕时有看报、看杂志的习惯。但是在厕所紧张的火车上,女孩千万不要这样做,因为这种行为会让人觉得非常自私,根本没有为别人考虑。火车上阅读后的杂志或报纸要整理好,随便一扔就下车也是不文明的行为,应该把它们放回专门的存放处。

坐汽车的礼仪

在公交车上,我们应该记住,沉默是金,安静也是一种车厢文明。坐公交车,站在车厢里要扶好站稳,以免刹车时碰着、踩着别人,万一碰了别人要主动道歉。

下雨天乘车,在上车前应把雨伞折拢,雨衣脱下叠好,不要把别人的衣服弄湿。乘车时不应带很脏的东西，以免弄脏别人。必须带上车的，要招呼别人注意，并放到适当的地方。

人多时，车上遇到熟人只要点头示意，打个招呼即可，不要挤过去交谈，更不要远距离大声喊话，显得很不文明。

到站前，提前向车门移动时，要对别人说"请原谅"或"对不起"。下车时要按次序下，注意扶老携幼。

坐出租的礼仪

在上出租车时，我们不要一只脚先踏入车内，也不要爬进车里。可以先站在座位边上，把身体降低，让臀部坐到位子上，再将双腿一起收进车里，双膝一定要保持合并的姿势。

下车时，记着带着自己的物件，包括废纸等，不要把出租车当作垃圾车。

坐地铁的礼仪

一般来说，从进入地铁车站到买票、进站，都有很规范的指示和次序，一般不容易发生冲突和不礼貌的现象。所以，每一个坐地铁的人只要遵守秩序就可以了。

但是，即使是这样，我们还是要注意，上车时不要争先恐后，在车厢里，应主动让座给老人和孕妇。一定要注意车门边的安全，保持车厢的清洁、安静。

乘电梯的礼仪

乘自动扶梯时，一般的规矩是左边上下，右边站立。我们站着时要靠右边，空出左边让有急事的人赶路，绝不可双双对对堵住路。手扶电梯扶手，以免失足。就算自己赶时间，也要保持礼貌和安全。

乘电梯时，当看到有人赶来时，我们可以用手挡住电梯门防止它关

第六章 淑女速成季 | 145

上；电梯内如果人员超重，我们可以走出，换乘下一次，绝不要硬挤入内。

在电梯内，要保持安静，不要大声说话。

总之，淑女在乘坐任何交通工具时，应当注意保持自己应有的形象，使自己的行为举止表现得彬彬有礼。

走出困惑：女孩的禁忌须切记

你是一个淑女吗？你认为什么样的人才算是有淑女气质的人呢？那么，你觉得下面的特征是淑女应该有的吗？其实，真正的淑女是不会这样的，因此，你在生活中，要远离这些不好的方面，才能做个阳光淑女哦！

自以为是

女孩不要太自负，不能每次都必须是自己对、人家错。如果总这样，以后就无法再交到知心的好朋友了。

故作神秘

有的女孩，心里有一点小事就神神秘秘，神经过敏，生怕别人知道了会天崩地裂似的，其实，这样的女孩只会惹人讨厌。

耍小脾气

稍不如意，就向别人耍小性子，如果女孩经常这样，周围的人都会远离你。

自高自大

自以为了不起，常常用指使别人的方法来引人注目，拥有这种心态的女孩是不受欢迎的。

小里小气

小里小气,问话不答,还动不动就红脸、爱哭,人们根本不喜欢这种女孩。

忧郁悲观

整天没精打采,皱眉叹气,好似世界末日就要来临,总哭丧着脸,这种女孩让人看了实在没劲。

花里胡哨

打扮得花枝招展却不知自己有多庸俗的女孩,会让人看不起。

目空一切

高傲地摆架子,好似自己是大人物很了不起的样子。这样的女孩大家也不喜欢。

搬是弄非

喜欢谈论别人的是非长短或把别人的私事搞得沸沸扬扬,搞得朋友、同学等人不和睦,这样的女孩大家也讨厌。

不爱清洁

不讲卫生随地吐痰,指甲里满是污垢,脸不洗净,这样的女孩不是有个性,只会让大家觉得恶心。

好说大话

总是夸海口、说大话,这种女孩也会让人轻视和鄙视。

贪图小利

借东西不还,贪图小利,大家都不愿意和这样的女孩交朋友。

形象检阅：你的淑女指数是多少

有人说，淑女给人的印象是清新、亲切和轻松，像山野的绿树和花草，像江上的清风和明月，无论是古典美还是现代美，无论是淡妆浓抹还是素面朝天。她们如兰花般清幽静香，言行举止、大方得体，谈吐文雅、进退有度、不温不火。

她们是心灵深处写满了善良贤淑的女人，她们的爱是给予而并非侵夺，她们关爱家人，不分厚薄。那么，你究竟是不是淑女呢？一起来做以下的测试吧！

1. 忙了一天的你饥肠辘辘，为了缓解饥饿，你的进餐状态是怎样的呢？

　　A. 慢慢吃，并且一边吃一边歇息。

　　B. 频率比较高，但是始终是小口小口地细嚼慢咽。

　　C. 狼吞虎咽，风卷残云。

2. 现在是你的午休时间，你用餐的餐厅正放着背景音乐，那么，你更喜欢的音乐是：

　　A. 缠绵的情歌。

　　B. 舒缓的轻音乐。

　　C. 亢奋的摇滚。

3. 比萨是很多女孩子都很喜欢的西式食品，而你更愿意和习惯的一种食用方式是：

A. 先将一整块比萨都切成可以入口的大小，再慢慢享用。

B. 一边吃一边切。

C. 直接用叉子叉起送到嘴中。

4. 你的父母结束了一天的劳累，这令善解人意的你很心疼。而你觉得最能够使父母的胃和身心都得到满足的理想食物是：

A. 人参鸡汤煲。

B. 牛排和红酒。

C. 烧烤类肉食和烈性酒。

5. 父母今天发了薪水，兴致勃勃地要带你出去吃饭，而你的选择是：

A. 几样喜欢的家常菜。

B. 去虽然喜欢但因为价格贵一直没去的一间餐馆。

C. 新开业的从未尝过的一款料理。

6. 如果你决定从此开始只选择素食，你的出发点是：

A. 觉得宰杀动物很残酷。

B. 素食更有利于健康。

C. 肉不好吃。

7. 你现在在吃一只椰子，你希望品尝它的方式是：

A. 在椰子上凿个小洞，用吸管饮用。

B. 一剖两半后饮用。

C. 将表皮撕开一部分，吮之。

8. 如果某一天，人类的味蕾只能品尝出一种味道，你愿意保留对哪种味道的知觉：

A. 甜味。

B. 咸味。

C. 辣味。

计分方法：选A=0分，B=5分，C=10分。

结果论述：

0～15分→A型：淑女指数为20%。

你是一个直来直往的女孩，想到什么都会脱口而出，你阳光灿烂，爱笑爱闹，是一个十足的疯丫头，这也是你的魅力所在，和你在一起大家都会有一种淋漓尽致的快乐。

16～30分→B型：淑女指数为50%。

你从来不勉强自己去做不喜欢的事情，你是一个追求平淡幸福的女孩子，没有什么心机，只是追求一份浪漫和一种幸福的生活。你是一个知足的人，过着简单而浪漫的日子就已经很快乐了。

31～50分→C型：淑女指数为60%。

你是一个崇尚自然的女孩，衣着你注重舒适，生活你注重快乐，你更喜欢随心所欲的风格和方式，喜悦时兴高采烈，悲痛时涕泪横流，不刻意隐瞒自己的情绪，只要自己喜欢就去做。

51～70分→D型：淑女指数为75%。

你是一个独立自主的女孩，在其他女孩子幻想着白马王子的时候，你却在考虑其他更现实的事情，你更善于思考，拥有更成熟的个性和更敏捷的思维。

71～80分→E型：淑女指数为80%。

你是一个很注重外表的女孩，衣着注重细节，不论什么事情都力求完美。你很在意别人对你的看法，希望自己不论什么时候都是光芒万丈，所以你总是把自己最好的一面示人。

第七章　秀出时尚美

如今的青春校园，除了弥漫着一股浓浓的书卷气外，还处处洋溢着时尚的气息。那么，你是个时尚的校园女生吗？请跟上流行的步伐，时尚起来哦！

一招一式：流露情感的表情美

我们普遍认为，表情美是人的仪表的动态表征，它是静态表征的情感活化。人的表情主要包括眼睛表情、脸部表情和手势表现。

眼睛表情美

眼睛是心灵的窗户。最会"说话"的器官莫过于眼睛。现实生活中人们几乎无时不在用眼睛传达自己的思想感情。那么，我们应该怎么表现眼睛的表情美呢？

首先是要灵活。灵活是我们思维敏捷的反应，是青春活力的表现，是生命力的象征。在灵活的眼睛里，我们可以看到生命力的节奏，这是一种流动的美感。

其次是要明亮，包括眼睛的清澈和光亮。孩子们的眼睛就像一湾清水，清澈见底，没有掩盖，没有伪装，没有愁云，没有迷惘。所以，清澈的眼睛可以给人一种清晰的美感。

女孩要想眼睛会"说话"，在平时要做到不要斜视、俯视、蔑视、久视等，不要有体现轻蔑、傲慢、不屑一顾、轻浮等不礼貌的眼语。此外，要达到眼睛的表情美，除了表情的技巧外，我们还要加强自己的文化、品德修养等重要的个人内涵。

脸部表情美

你的什么心事，脸部表情都会泄露出来，因为人的喜怒哀乐都可以从脸上看出来。太"硬"或太"软"，板起面孔的笑，都会使人感到不舒服，因此脸部表情的分寸要掌握好。

如果想要做到表情美，我们脸部要体现和谐美。具体说来就是：

首先要做到自然明朗，不要做作，不要在脸上堆砌表情，不要夸饰，要给人以自然和明朗的感觉。

其次要做到轻松柔和。轻松柔和始终能给人一种美的感觉。但对长、方脸的女孩来说，要注意多一些微笑，因为微笑可使面部肌肉出现某种曲线，起到软化脸型的作用，让人看起来轻松柔和，感到温暖舒服。

另外，还要做到大方宁静。不要人为地去追求表情，不要做大幅度的夸张和娇滴滴的伪装。我们的表情与打扮一样，要做到大方，才能显出得体之美。

手势表现美

我们在谈话时常用手势来表达感情。手势是一种无声的语言，使用得当会丰富我们的表达，但是使用不当便会破坏我们的美丽。那么，该怎么表现我们的手势美呢？

首先要做到简洁明确。简洁是表现的最好方式，手势宜少不宜多，而且要与我们的语言相呼应。不能过多使用手势，甚至手舞足蹈，更不要使用让别人无法理解的手势。

其次是手势的幅度要适度，尤其是我们在演讲等表演场合时，手语活动限度更要如此。手势幅度太大，会给人做作的感觉；太小，又使人觉得猥琐。所谓落落大方，从手势的角度看，就是大小适度。

如果没有必要，我们最好不要使用手势。

另外，在运用手势时，要自然亲切，手势的亲切感往往取决于时间与线条。稍稍慢一些的手势会使人感到亲切，手势的轨迹是曲线的就会使人感到软一些，亲切一些。手势只有自然亲切，才会给人和蔼可亲的美感。此外，女孩使用得体的手势，还要看具体的场合和对象。不同的对象和场合，如面对长者、异性，或婚丧场合等要用不同的手势。

懂得正确运用眼部、脸部、手势等表情美，我们才算得上校园美女。

闪亮登场：女孩的时尚新品位

什么叫时尚？不同的时代有着不同的表现形式。

其实，"时尚"没有确定的定义，一切取决于个人的生活态度。

女孩子的时尚品位，是时间打不败的美丽。时尚的女孩有一种与众不同的气质和特立独行的品格，那是她们用自己的修养和做派营造出来的。

爱好音乐

音乐是自然的一部分，就像日月星辰、空气、水一样，是能够让人产生生命律动的奇妙的音符，它可以让人陶醉，也可以让人愉悦。

时尚的女孩喜欢在假日悠闲的午后，沏一壶绿茶，闭上眼睛，走入音乐的世界，想象自己正漫步在山坡上，沐浴着微风；或是静坐在斜阳西照的花园里，回想往事……经典音乐，能使自己感到一切污浊都变得云淡风轻。在音乐里沉醉的女孩，有摄人心魄的气质。

时尚的女孩不仅仅只有对音乐的爱好，这只是她们众多艺术素养中的一种，她们还喜欢摄影、绘画或陶艺等。女孩作为最有灵性的那朵玫瑰，应该拥有艺术化的、充满惊喜的生活，音乐、摄影或陶艺都能使她们在喧器中将一切都归于淡然。

享受茶文化

茶道即烹茶饮茶的艺术,它通过沏茶、赏茶、闻茶、饮茶增进人与人之间的友谊,美心修德,学习礼法,是很有益的一种和美仪式。对于茶之韵,每个人有自己的感受和体验,正如禅宗推崇的"拈花微笑,只可意会,不可言传"。

茶道是东方文化的点睛之笔,东方文化与西方文化的不同,在于东方文化需要人的悟性。时尚女孩性情如茶,安静却充满清香的气息。好茶一壶,能让她们的心更加宁静,散发柔美内涵和女孩独有的味道。也许,在纯净之余,女孩还会领悟到其他的一些东西。闲暇之余,泡一壶好茶,约上几个好朋友,一壶香茗,促膝清谈,一边讨论校园琐事,一边谈谈理想,谈谈人生,其乐无穷。

随意旅行

对于时尚女孩来说,旅行是漫无目的的行走,天涯海角,遇见好风景、好心情。具有时尚品位的女孩走到哪里都是欣喜。她们走出去,享受艳阳天,晾晒自己发霉、潮湿的心情。

此外,时尚的女孩还喜欢上网、读书、运动等,但不管干什么,她们都会给人一种清新独特的感觉,就连吃饭、穿衣,她们也能使人们眼前一亮。

心理测试:你的美丽多少分

亲爱的女孩,你想知道自己的形象出色吗?你想知道自己得多少分吗?不妨做做下面的测试题,看看自己的美丽能打几分?

头部（共25分）

1. 头发（符合下列各点共得5分，如有不合，每点减1分）

   A. 你的头发保持清洁吗？

   B. 你的头发显得光亮吗？

   C. 你的发式同脸型相配吗？

   D. 你的头发经常梳理吗？

   E. 你所戴的头饰适宜吗？

2. 眼睛（共得5分，如有下列各点，每点减1分）

   A. 你的眼睛近视吗？

   B. 你患有斗鸡眼吗？

   C. 你患有色盲症吗？

   D. 你的眼神黯淡吗？

   E. 你的目光迟钝吗？

3. 耳朵（共得5分，如有缺点酌情减分）

   A. 如果你的耳朵外向太直，呈"招风耳"，减1分。

   B. 如果你离开4米远，不能听清楚人家说的话，减3分。

   C. 如果你佩戴的耳饰不适宜，减1分。

4. 嘴巴（共得5分，如有下列各点，每点减1分）

   A. 你的嘴唇淡薄吗？

   B. 你的嘴唇毫无血色吗？

   C. 你用嘴巴进行呼吸吗？

   D. 你的口角显得不快乐吗？

   E. 你的嘴型只能显露一丝笑容吗？

5. 牙齿（共得5分，如有缺点酌情减分）

A. 如果你的牙齿不卫生，满口黄牙、不洁白，减1分。

B. 如果你镶金属牙齿，减1分。

C. 如果你的牙齿排列不整齐，露出牙肉太多，减3分。

6. 手部（共得5分，如有缺点酌情减分）

A. 如果你的手部不光滑细腻、不清洁，减1分。

B. 如果你的手背露出筋骨、掌肉薄硬，减2分。

C. 如果你的手指甲没有剪修，减2分。

7. 脚部（共得10分，如有缺点酌情减分）

A. 如果大脚趾不直，整个脚趾弯曲，减3分。

B. 如果脚上有皮肤病，减3分。

C. 如果脚小却穿过大的鞋，减2分。

D. 如果鞋穿在脚上显得别扭，减2分。

好了，现在看看你得了多少分，如果你的得分很高，值得欣慰，如果你的得分不高，就赶快补救哦！

特别推荐：阳光美女秀出来

正处在青春期的我们，肌肤应该是最好的时期，也许这时的你觉得，反正自己的肌肤已经非常完美了，就不需要再保养了。其实，这种想法是不对的，这时的我们同样需要善待自己的肌肤，才会显得清纯秀丽，并因此成为一个人见人爱的阳光女生。

保持皮肤的清洁

这是皮肤保健的重要一环。我们阳光女孩要早晚各洗一次脸，油性皮肤应加洗一两次，用太烫的水洗脸容易使皮肤产生皱纹，以温水、冷水为宜。

香皂最好溶在水中用皂水或用手擦抹，不要直接用香皂擦脸。因为碱性大的香皂可以软化皮肤的角质层，因此，温水洗脸后，我们还应当用清水或冷水再清洗一两次。不要使用含过量香料、色素的香皂，因为皮肤长期受香料、色素的刺激，再遇到紫外线照射时，容易引起过敏反应。

正确使用护肤品

我们的皮肤有油性和干性之分，为了我们肌肤的健康，应该根据自己皮肤的性质、特点使用护肤用品。

一般说来，干性皮肤的女孩可选用油质护肤用品，油性皮肤的女孩可选用水质护肤用品。随着年龄、季节的变化，肤质也会有所变化。因此，我们在使用护肤品时，还要相对地固定，也要根据客观条件的变化适当改换。

我们还要认识到，护肤用品并不是越高级越好，适合自己的才是好的。正确使用护肤用品，可以防止皮肤受到紫外线的刺激和细菌的浸染。同时，使皮肤保持润泽，促进新陈代谢。

养成按摩的习惯

按摩是护肤、美肤的主要手段。皮肤受到按摩，能促进局部血液循环，推动新陈代谢，这样容易使皮肤吸收护肤用品中的养分，从而增强皮肤的光泽和弹性，延长皮肤的青春状态，减少皮肤松弛和皱纹。

对青春期的女孩来说，我们按摩可每天进行1～2次，每次3～5分钟。方法是用中指和无名指，由内向外，由上而下，顺序按摩，并加强对眼角、额头、嘴角等容易长皱纹的部位进行按摩。

每周做面膜敷面

面膜敷面就是把糊状营养物敷在面部皮肤上，过15分钟把其洗去，达到清洁养护皮肤的目的。它就像人们隔一段时间做一次室内扫除一样，作为女孩，我们的皮肤每星期也需要做一次较彻底的扫除。清除皮肤的污垢之外，还能给皮肤补充营养、去皱、除斑和漂白。

保持健康的身体

医学认为，健康细嫩的皮肤来自健康的身体。如果机能有了障碍，就会出现皮肤黑斑、无光泽等现象。为此，我们应该保持身体健康，要多食含蛋白质、维生素、矿物质的食品，不要贪睡，饮食要定量、定时。

除此之外，充足的睡眠、体育锻炼等，也都是皮肤健美的因素，爱美的女孩也应该坚持做到哦！

时尚忠告：爱美的十大禁忌

亲爱的女孩，你一定很爱美，但是，在爱美的时候，你可不要做一些损害自己美丽的事哦，现在就来讨论一下这个问题吧！

不要轻易拔眉描眉

我们的眉毛有阻挡汗水、尘埃和保护眼睛的作用。而我们青春期女孩的眉毛尚未发育齐全，这时拔眉和描眉就等于除掉眼睛的保护屏障，使尘埃、细菌无遮拦地进入眼睛，容易患眼病。所以，一定不要犯这个错误哦！

不要轻易扎耳洞

对女孩来说，青春期的耳朵非常娇嫩，这时如果扎耳朵戴耳坠会造成人为的耳外伤，还有引起细菌进入身体造成感染化脓或引起破伤风的危险。一定要注意！

不要浓妆艳抹

我们人体全身皮肤共有汗孔2000万个以上，每天由汗孔排泄大约1.5万粒体内废物，而如果女孩子过早化妆，会直接堵塞这些废物的排泄通道，使皮肤不能正常呼吸。这也是我们不能忽视的细节哦！

不宜束胸

作为青春期的女孩，束胸会影响我们肋骨、胸骨和膈肌的运动，影响正常呼吸和胸部的正常发育，我们千万要小心！

不宜不戴文胸

进入花季年龄，有的女孩乳房已经发育很大，但却不愿意戴文胸，时间长了，乳房就容易松弛下垂，妨碍乳腺内正常的血液循环，造成部分血液瘀滞，引起乳房疾病。为此，在合适的时候，我们要戴上文胸。

不宜服用激素

在青春期，有的女孩嫌自己的乳房太小，喜欢服用雌激素药物促使乳房发育，这其实是不正确的。服药虽然可以暂时让自己的胸部有一点发育，但对我们的身体不好，所以，青春期的女孩不宜使用激素药物改变乳房大小。

不宜使用丰乳膏

有的女孩还喜欢使用健美丰乳膏来改变自己的胸型，这类药品容易引起月经不调、色素沉着、皮肤萎缩变薄等。青春期的女孩一定要小心。

不宜穿高弹裤

高弹裤紧裹裆、臀和大腿，透气性差，影响血液和淋巴循环，妨碍关节伸屈和身体正常发育，为此，我们千万要远离高弹裤。

不宜穿尖头高跟鞋

女孩的脚趾软嫩，长期穿尖头高跟鞋，不仅挤压摩擦脚趾，还会引起多种脚病，女孩子们一定要选择适合自己的鞋！

不宜常用一侧牙齿

有的女孩习惯用一侧的牙齿咀嚼食物，这样一来，容易造成一侧牙齿劳损，还使自己的面部发育不对称，影响我们的脸部美丽。

我们只有改变不良的习惯，才会让自己的美丽更持久。

悄悄咨询：他人眼中的自己

女孩们，你知道自己给身边的人留下何种印象吗？你知道自己是哪一类型的女孩吗？请做下面的测试吧！

1. 你的分发类型是怎样的？

A. 中间分开。

B. 偏左或偏右。

C. 没有分缝。

2. 你的声音最接近下列哪一种？

A. 高亢尖锐的声音。

B. 嗓门大而响亮的声音。

C. 普通。

3. 往常看到照片上你的模样时，心里有何感想？

A. 照得不错。

B. 完全不像。

C. 一般，凑合。

D. 总是令人感到讨厌。

4. 与人说话时，你眼睛盯住对方何处？

A. 嘴巴。

B. 眼睛。

C. 脸部。

D. 经常看其他地方。

5. 坐椅子时，你采用哪种姿势？请你在附近的椅子上坐下，实际确认一下。

A. 两腿叉开。

B. 两腿交叉。

C. 脚跟并拢。

6. 笑的时候，鼻子和嘴唇之间显露出横向皱纹吗？

A. 出现有一根横长的皱纹。

B. 出现短皱纹。

C. 没有产生皱纹。

7. 你左手的指甲现在怎样？

A. 指甲长而且很脏。

B. 修剪得短而整齐。

C. 指甲修长而美丽。

8. 在很拥挤的公交车内，曾经被人攥住手吗？碰到过其他讨厌的事情吗？

A. 经常碰到。

B. 一两次。

C. 没有。

9. 有过被老师和长辈认为心眼坏而生气的事情吗？

A. 没有。

B. 仅一两次。

C. 常有。

10. 有过与小伙子约会和被小伙子打招呼的事吗?

A. 有过两三次。

B. 一次。

C. 根本没有过。

11. 请用镜子照一下你的牙齿,你的牙齿怎样?

A. 蛀牙或牙齿脏而发黄。

B. 牙齿雪白而美丽。

C. 牙齿排列不太整齐。

12. 与人说话时,你手的动作如何?

A. 几乎不用手势。

B. 喜欢打手势。

C. 常用手捂住嘴巴。

答案及得分表:

题号	1	2	3	4	5	6	7	8	9	10	11	12
A	1	1	5	1	5	5	1	5	5	5	1	3
B	3	5	1	5	3	3	3	3	3	3	3	5
C	5	1	3	3	1	1	3	1	1	1	5	1
D				1	1							

解析:

12~25分→A型:难以接近的封闭形象。

这也许是你总觉得给人以亲近的印象过多不好造成的。你面带怒容之时，冷若冰霜，令人惧怕。

26~39分→B型：第一印象淡薄，属一般形象。

你不会给人留下坏印象，但你能够给人造成强烈印象的特征也不多。由于只留下不显眼的一般女性形象，冲淡了对你的第一印象。因此你必须抓住一点特征，充分显露你的风采。

40~53分→C型：惹人喜爱，平易近人的形象。

你平易近人，给人以良好的第一印象。和你见过面的人，都感到你很受大家的欢迎，无论是谁，都想和你接近。

54~60分→D型：个性强，给人难以忘却的形象。

你给人留下的第一印象非常强烈，有时令人难以忘怀。你具有一种魅力，使初次见面的人也会产生故友重逢般的亲切感。但是，有时会让人误解。

穿出学问：连衣裙的迷人之处

你喜欢穿连衣裙吗？你知道怎么用连衣裙来表现自己吗？其实，这是一件很简单的事情，只是看你愿不愿意去花工夫而已。只要我们能够正确地选择搭配，便能体现出自身的优点，让自己更加优雅美丽，成为一个时尚的阳光女孩。

黑白组合

低调的黑白连衣裙有如百变女王，派对里绝对能发出最耀眼的光芒。当然，这种裙子直接单穿就可以展现出属于我们的魅力与优雅，手感极佳的连衣裙一定可以让我们更加散发出时尚的气息，让自己更加阳光。

丝绸面料

女孩想要轻松穿出淑女味,让自己出色抢眼,那么丝绸面料的连衣裙是我们的专属单品,好的配色能展现纯洁女孩气质,非常适合皮肤白皙的女生。

素雅花裙

缤纷的花朵蔓上淑女的衣衫裙角,散发出浪漫迷人的味道。较为圆润的美眉切忌选择造型大而夸张的印花衫裙,清淡的色彩让你看起来甜美极了。

声音魅力:学会文明打电话

你可能已经发现了,我们女孩喜欢煲电话粥。但是,有必要提醒你的是,当你煲电话粥时也要注意文明礼仪。因为使用电话、手机只闻其声而不见其人,所以我们要特别注意语气的高低,显示自己讲文明、懂礼貌,才能被他人认为自己是一个文明、大方的阳光女孩。

打电话要把话讲清楚

打电话时,我们的嘴巴要对着话筒,说话音量不宜太大,也不要太小。咬字要清楚,吐字比平时略慢一点,语气要自然。必要时,我们可以把重要的话复述一遍。交代地点、时间时要仔细,当对方听不清发出询问时,要耐心地回答,千万不要不耐烦,始终要给人以和蔼、亲切的感觉。

切忌通话时间过长

与人通话时,除了说话要礼貌外,我们还要注意谈话时间不宜过长,不要利用电话闲谈和开玩笑,因为占线时间长了,不仅影响别人通话,而且别人打给自己的电话也进不来。

接电话切忌态度生硬

电话铃响时,我们要立即去接,及时应答;听电话时要全神贯注;回答问题要热情、耐心,不能用生硬的语调说话。

挂电话的时候,我们也应该轻轻放下,切不可猛地一放,让对方认为自己是个无教养的人。

总之,作为女孩子,我们在接电话时一定要适当对答,千万要注意语言礼貌。

第八章　养护新看点

"爱美之心，人皆有之。"进入青春期的我们是自己一生中皮肤的最佳时期。但是，不要因为年轻，就忽略对自己肌肤的养护，懂得保养，会让我们的明天更加美丽！

迷人瞬间：科学养护脸部皮肤

我们生活在这个到处都充满着竞争的社会中，学习压力、空气污染、饮食不正常……各方面的因素像是无形的杀手一般，摧毁着我们面部肌肤的健康。有的女孩，为了让自己有一副白嫩、细腻、光泽的脸庞，在脸上抹了不少化妆品，其实这是危害面部肌肤的不良做法。

为此，要提醒大家，想要使自己的面部永远显得细嫩、美观，需要科学地养护脸部皮肤，持之以恒地每天做基础保养，才能让你拥有健康、美丽、动人的面部。

洗脸有方

对于我们女孩来说，洗脸要用温热水，利于溶解皮脂，洗净灰尘。过热过烫的水会使我们的皮肤变得松弛，久之会生成皱纹。最好的办法是早晨用冷水，晚上用温热水。冷水能刺激血管收缩，使人精神振奋；温热水会使脸部血管扩张产生轻松感，让人尽快入睡。这一冷一热交替洗脸，使脸部肌肉收缩又扩张，从而有利于增加肌肤的弹性。

另外，洗脸"纵向洗"不如"横向洗"，这样可以防止我们脸部肌肉下垂，减少皱纹。同时，从鼻梁处部由里而外画圈式擦洗是个洗脸的好办法。

保养诀窍

女孩的脸部保养是需要一些诀窍的，一般而言，可以分为四个步骤：清洁、爽肤、滋润、保护，我们称之为"基础保养四步"。

（1）第一步是清洁。每天的脏空气、彩妆以及皮肤本身的分泌物，都会在我们的皮肤表面形成覆盖，以致阻塞毛孔，进而造成皮肤的不健康。

清洁是基础保养的第一步，是对我们皮肤上污垢的去除。如果我们的皮肤清洁做得不够彻底，就会造成毛囊阻塞，使皮肤看起来粗糙、没有光泽，更容易产生粉刺、面疱或衍生其他皮肤问题，如此一来，即使再好的保养品也无法发挥应有的功能，甚至可能使皮肤变得更糟。因此，对我们女孩来说，要特别慎用肌肤的清洁用品，并以正确的方法加以清洁，这样才能保证自己拥有健康美丽的肌肤。

（2）第二步是爽肤。在基础保养的过程中，非常重要但也常被人忽略的步骤是爽肤，也就是化妆水的使用。

爽肤是保养的第二步，它有三项功能：

首先是再次清洁。我们在清洁过程中，有可能不够彻底，让清洁性产品残留在皮肤上，这时应该怎么办呢？其实，这就需要使用爽肤性产品，便可达到再次清洁的效果。

其次是收敛肌肤。我们在洗脸的过程中，毛孔受刺激而微张，借此步骤，可有效收敛自己的毛孔。

爽肤的最后一项功能是平衡天然酸碱度。皮肤所分泌的皮脂膜，保护肌肤不受细菌、微生物的侵扰，但洗脸时可能会破坏皮脂膜的酸碱度，使肌肤抵抗外物的能力减弱，这时就需以爽肤水来恢复皮肤的天然酸碱度。

（3）第三步是滋润。基础保养的第三步骤是滋润，它为我们的肌肤提供所需的营养成分与水分，让肌肤拥有健康的肤质与弹性，呈现亮丽动人的神采。

（4）第四步是保护。基础保养的第四个步骤是保护，它在我们皮肤表面形成一层保护膜，避免肌肤受到外界不良环境因素的伤害。

护肤得当

一般来说，皮肤分为脂性肤、干性肤、湿性肤和普通肤四种类型。知道自己是什么类型的皮肤，这样就可以对号选用护肤品了。比如脂性肤者脸部往往爱生粉刺，所以切忌用香脂、油脂质护肤霜等化妆品，否则就是"火上浇油"，越抹越有害。

湿性肤应选用含甘油成分多的护肤霜。干性肤易干裂，皮肤无光泽，故经常抹些油质护肤品对健美皮肤大有裨益。有些少女喜欢浓施香粉，其实粉涂得过厚会使皮肤透气性不好，易造成脸部水肿。

为此，我们在用护肤品的时候，先要了解自己的肌肤类型，再正确地选择护肤品，更好地保护肌肤。

浸浴方式

研究发现，女孩多浸泡浴可促进新陈代谢及身体放松，浸浴尤其见效。当我们全身浸于热水中，这种洗浴的效果是一般沐浴无可比拟的，浸浴有助于缓解压力。全身轻松了，当然我们的肌肤就更美丽了。

入睡时间

夜间12时是人体各种荷尔蒙分泌最旺盛时，如果女孩在这时熬夜，不但会使内分泌失调，还会由于熬夜吃夜宵等，对身材及肌肤同时造成伤害。由此，女孩在夜间12时之前必须入睡。

锻炼有术

研究发现，经常进行体育锻炼可以改善我们的血液循环，增加肌肉弹性。为此，想要面部肌肤健康的我们还可以坚持面部按摩，促进新陈代谢的活化作用，使表皮变得柔软、润泽。

同时，还要保持良好的情绪，常言说："笑一笑，十年少。"此话是有科学道理的，笑确有抗衰作用，它强于任何化妆品对面容的修饰。

可以说，面部肌肤是我们的"招牌"，如果我们能把自己最阳光的一面展示给大家，就可以给他人一个美好的第一印象，当然，我们就能得到更多人的喜爱了。

护理处方：不要让自己的肌肤受伤

女孩从儿童期进入青春期，皮肤会产生变化，皮脂分泌增加、毛孔变得粗大，青春痘很容易跑出来作怪，因此，这期间的女孩首先要预防的就是变成混合性肌肤。

在这个阶段，我们必须了解肌肤状况改变的原因和过程以及痘痘生成的原因，才能抑制青春痘，否则光是护理却没有处理根本的问题，等于只做了急救的工作。

通常说来，无论哪一种肤质，都需要油脂来滋润皮肤，为此，我们在平时要注意不要过度洗脸，这会让我们的皮肤受到更大的刺激，导致皮脂分泌更不平衡。我们应该采取保湿的手段，避免原先储存在皮肤细胞内的水分减少，让皮肤变干，使皱纹提早出现。这就是为什么从我们这个年龄层就必须开始保养肌肤的原因。

研究证实，青春痘的生成，跟个人体质也有很大的关系，皮肤的新陈代谢周期约28天，不妨仔细观察自己是在周期的哪一段容易长痘痘，以及是什么因素生成青春痘，例如生理因素、饮食习惯、遗传或环境等。

建议长有痘痘的女孩在这期间可使用控油、收敛的清洁产品，搭配保湿水或是有消炎、修护作用的化妆水。若能在此时固守好肤质状况、解决痘痘问题的话，相信一定可以把青春留住。

若是皮肤长了痘痘，尽量不要挤，要挤的话等到痘痘冒出白头再动手，而且先热敷一会儿，比较容易挤出来，务必要彻底挤干净，把藏在深层的粉刺也挤出来，然后再用清水洗净，马上擦收敛化妆水，以免留下痘疤。

另外，为了我们的肌肤，还应该注意以下细节：

别在暴露于阳光的部位洒香水，如太阳穴、喉部等，阳光会使皮肤敏感而变色。

有香味的化妆品也不宜用，特别是香粉底对皮肤最有害。

避免用含酒精的化妆品，酒精对皮肤也是有害无益的。

不要把浓缩的洗发水直接倒在头发上洗头，要先把洗发水稀释后再用。

用清水洗头发，切忌草率，一定要把残留的洗发水清洗掉，否则会刺激头发引起脱发。

不要盲目地进行日光浴，过度曝晒容易引起皮肤衰老。

阳光强烈时外出别忘了戴太阳镜。

不要整天保持一个不变的姿势，否则会造成血液循环障碍。

别选择不适合的鞋子，跟过高、鞋头过尖都不适合我们。

别用洗衣皂洗面。

总之，不管我们是胖女孩还是瘦女孩，只要我们的肌肤一直保持最佳的状态，我们就是最出色的阳光女孩。

非常推荐：成功美白的新方法

亲爱的女孩，如果你认为自己还很年轻，不需要美白，那就大错特错了。因为，美白和年龄无关，只要你想要变得更白，就可以用正确的方法来做。

这里，专门为大家介绍几个方便、见效快的美白方法，只要你坚持下去，必定能成为一个漂亮的天使，成为让大家都喜爱的阳光女孩，一起来试试吧！

用淘米水洗脸

淘米水是非常好的美白用品。我们每天在淘米的时候，留第一次和第二次的淘米水，让它慢慢地澄清，取沉淀后的清水来洗脸，脸部可变得白而细腻。

这种淘米水更适合油性皮肤的女孩使用，因为用它洗脸后，面部不会再过分地光亮。不过，我们在用淘米水洗脸后，还要用比淘米水多3倍的水洗干净脸部。

用牛奶涂脸

牛奶也有很好的美白效果。我们可以将喝完牛奶的奶瓶或奶袋中滴入几滴清水，摇匀之后倒入手掌心，涂抹脸部，涂后等五六分钟再用清水洗净。

对于女孩来说，经常用这种方法洗脸，我们的脸部便会日渐白嫩，如果在洗澡后使用，效果更佳。

自制美白面膜

在空闲时，我们还可以自己制作一些美白面膜，也能达到美白的效果。

把醋和盐用水溶解，水、白醋、盐之比约为9∶3∶1，用调好的混合液把毛巾润湿，敷在脸上，早晚各一次。当然，如果你要想多敷一两次，效果也是不错的哦！而且经常用这种面膜，不仅会使我们的皮肤变白，我们脸上的痘痘也会随之不见哟！

把草莓榨成汁，放上蛋清。每两天到三天擦一次，也是不错的美白方法。

用水和蜂蜜调配后加入珍珠粉，这样用几次以后，脸会变得又白又嫩。

将香蕉弄成糊状，然后倒入全脂牛奶，再加入少量水。香蕉、牛奶、水的比例大概是2∶5∶1，往脸上抹，然后轻轻拍打脸部，最后什么都不要做。20分钟后洗掉，经常这样做，你会很快发现自己白了很多。不过，需要说明的是，一定要用香蕉，不能用芭蕉代替。

将一枚新鲜鸡蛋与一小汤匙蜂蜜搅拌均匀，临睡前涂在面部，按摩10分钟，待蛋液风干后用清水洗净，每周两次就能肤如凝脂。鸡蛋的蛋清中含有刺激皮肤细胞、促进血液循环、有效修复面部肌肤损伤的有效成分，而蛋黄中则蕴含丰富的卵磷脂、甘油三酯和卵黄素。

只有及时排除体内的有害物质及过剩营养，保持五脏和体内的清洁，才能保持身体的健美。众所周知食盐具有消炎杀菌的功效，其实它的美白功效亦很独到。

为此，建议油性肌肤的女孩，可试着将一小勺盐与蜂蜜调匀后，涂在脸上并轻轻按摩5分钟后用清水洗去。盐有深层清洁皮肤毛孔的作用，而蜂蜜水则能及时补充肌肤营养，每天早晚各一次，可帮助清除皮肤毒素，让自己更白净。

自我检查：你的皮肤是什么类型

朋友，你知道自己的皮肤是什么类型的吗？对照自己，做一下下面的测试就知道了哦！

A. 每次用吸油纸，总要用上两张才够。
B. 为了摆脱满脸油光，每天洗5次脸，从来不敢用润肤乳液。
C. 有时候会被洗面奶、化妆水"欺负"，面颊感到刺痛。
D. 每天需要长时间上彩妆，喜欢用方便的卸妆纸一次性卸妆。

A. 母亲与姐妹都是干性肌肤。
B. 洗完脸后，喷化妆水之前，只有脸颊与眼周会感到紧绷。
C. 卸妆洗脸后，脸容易泛红，久久不退。
D. 早已不能忍受在无空调的房间里学习办公。

A. 从来没有被青春痘困扰的记录，即使在十几岁时。
B. 脸上毛孔很明显，肌肤看起来不匀净。
C. 曾用过刺激性强的化妆品而出现不良反应。
D. 因为脸很容易干燥，所以不停地往脸上喷保湿水。

A. 如果忘了用保湿乳，面部马上就会出现小细纹。
B. 在空气不好的场合，脸颊或眼周都很容易感到痒痒。

C. 肌肤有时会觉得很紧绷。

D. 平常不喜欢搽乳液、保湿霜，只用保湿化妆水、保湿美容液而已。

测试结果——

如果你选"A"项多，就是先天干燥型。

症状：肌肤平滑不易出油，也很少出现粉刺、面疱；平常洗完脸后很快会感到紧绷，天气一变冷肌肤就容易蜕皮、变粗，容易长细纹。

诊断书：好皮肤如果保湿不到位，会老得比别人快哦！干性肌肤也有先天的弱点，如果日常没有做好保湿的话，你的肌肤会比一般人更经不起环境与时间的考验，容易产生细纹。好在你的肌肤问题比较单一，加强保湿护理也容易取得明显的效果。

如果你选"B"项多，就是油脂干燥型。

症状：肌肤本身偏油，可能伴有粉刺、毛孔粗大的现象，同时肌肤没有润泽感，有时甚至看得见小细纹。

诊断书：你的肌肤因皮脂过量分泌而油腻，同时又因缺水而干燥，很容易顾此失彼。

如果你选"C"项多，就是敏感干燥型。

症状：你的肌肤状况时好时坏，有时非常干燥，甚至有严重脱屑现象，但每次想加强保养品却又觉得刺痛，进退两难。

诊断书：你的皮肤角质层缺水受损，刺激物容易入侵造成敏感的极度干燥肤质。你的肌肤敏感有大部分原因是干燥，因为角质间脂质（把角质层想象成砖块，砌砖用的水泥就是角质间脂质）极度缺水，造成角质层抵御外界刺激的功能减退，刺激物很容易入侵肌肤造成敏感或其他问题。这种现象一再发生，年轻肌肤就可能提前老化了。

如果你选"D"项多，就是保养不当干燥型。

症状：你的肌肤一度状态良好，而现在你对着镜子看到细纹时都不敢相信自己的眼睛！

诊断书：你的肌肤变成缺水肌肤完全出乎你的意料，因为你的肤质本来不错，只是日常的一些错误保养方法给肌肤造成了损害，错误的保湿观念，让你后天变成干性皮肤。你对保湿的观念不够清楚，以为缺水就要用大量化妆水，又因为不喜欢油所以就不搽乳液，造成化妆水没有油分的调和，全部都蒸发流失掉了。

美丽吃出来：从营养中获得美丽

也许你还不知道吧，用吃的方法也能获得美丽！这是为什么呢？因为，健康离不开营养，美丽离不开健康。可是，又有多少人具备营养的基本常识，又有多少人在生活中真正能够重视营养，通过营养来获得健康、获得美丽？

我们都知道，构成人体的营养素有七大类：蛋白质、脂肪、维生素、碳水化合物、矿物质、水和膳食纤维。这是健康和美丽的源泉。女孩只有首先吃出美丽，才能拥有优雅的魅力，成为一个独具魅力的阳光女孩。为此，这里专门为爱美的你介绍这七大营养素与我们身体健康的关系。

蛋白质

蛋白质是生命的基础，是构成更新、修补组织和细胞的重要成分，是促进人体生长、发育、补充能量的重要物质。适量的蛋白质能维持皮肤正常的新陈代谢，使皮肤白皙滑嫩，富有光泽和弹性，头发乌黑发亮，指甲透明光滑。

如果缺少蛋白质，我们的机体就会变得消瘦，皮肤弹性降低，皮肤干燥，无光泽，早生皱纹，头发枯干脱落等。

肉、蛋、奶、鱼是为我们提供动物蛋白质的主要食物。植物蛋白质也有很好的完全蛋白质，如豆类蛋白质。此外，葵花子、杏仁、粟、荞麦、芝麻、花生、马铃薯及绿色蔬菜中也都含有丰富的完全蛋白质，我们也可以补充食用。

脂肪

脂肪是我们人体能量的来源之一，脂肪存储在皮下，可滋润皮肤和增加皮肤弹性，延缓皮肤衰老。人体皮肤的总脂肪量大约占人体总量的3%~6%。女孩若脂肪摄入不足，皮肤会变得粗糙，失去弹性。

在我们的生活中，食物中的脂肪分为动物脂肪和植物脂肪。过多食用动物脂肪会加重皮脂溢出，使皮肤老化。而植物脂肪不但有强身健体的作用，还有很好的滋润皮肤的作用，是皮肤滋润充盈不可缺少的营养物质。此外，植物油脂中还含有丰富的维生素E等抗衰老成分。

维生素

维生素对我们身体的正常生长发育和生理功能的调节至关重要。如果缺乏维生素，就容易使皮肤枯萎和粗糙。

其中，维生素A能促进我们皮肤胶原蛋白和弹力纤维的生长与再生，更新老化细胞，加强细胞的结合力，避免和减少皱纹。维生素C有益于美白肌肤。维生素E能强健肌肤，抵御肌肤压力，清除自由基，促进皮肤微血管循环，让我们的皮肤明亮干净，肤色自然红润有活力。

在生活中，蔬菜水果是为我们提供维生素的主要来源。

碳水化合物

碳水化合物是我们身体的主要能源物质，我们身体所需要的能量70%以上由碳水化合物供给，它也是组织和细胞的重要组成成分。碳水化合物能促进我们身体蛋白质的合成和利用，并能维持脂肪的正常代谢和保护肝脏，从而从根本上起到帮助我们美容养肤的作用。

食物中，五谷类便是为我们提供碳水化合物的主要来源，应该适当食用。

矿物质

矿物质是我们身体必需的元素，是我们的骨头、牙齿和其他组织的重要成分，能活化荷尔蒙及维持主要酵素系统，具有十分重要的生理机能调节作用。

如果体内缺铁，我们就可能引起缺铁性贫血而出现面色苍白，并可导致皮肤衰老及毛发脱落。如果缺锌，不仅会使皮肤干燥无光，保护作用降低，而且还会引起各种疾病，如痤疮、脱发及溃疡等。如果缺铜，就会引起皮肤干燥、粗糙、面色苍白，头发干枯等。

食物中，矿物质的主要来源是蔬菜、水果等。在美容护肤方面，矿物质也起着重要作用。

水

水是我们身体内体液的主要成分，约占体重的60%，有调节体温、促进体内化学反应和润滑的作用。水还具有传送的功能，我们的身体通过水来吸收各种各样的营养物质，也借助水来排泄运送代谢物。因此，合理地给机体补充水分，是维持健康的一个有效方法。

每天饮用的水是体内水分的主要来源，从美容的角度来讲，只有我们身体内水分充足，才能使皮肤丰腴、润滑、柔软、富有弹性和光泽。如果我们的皮肤缺水，就会干燥起皱，缺乏柔软性和伸展性，加速皮肤衰老。

膳食纤维

膳食纤维是植物中不能被人体消化吸收的成分，是维持我们身体健康不可缺少的因素，它能软化肠内物质，刺激胃壁蠕动，辅助排便，并降低血液中胆固醇及葡萄糖的吸收。

肠道内每日都有废物聚积，如不及时排出，会产生有害的物质，不但对人体健康有害，还会造成一些皮肤疾患，如痤疮及酒渣鼻等。纤维素可清除我们身体内的有害物质，保持肠道功能正常、大便通畅，从而使皮肤健美光滑。

此外，膳食纤维还具有较强的吸水功能和膨胀功能，容易使我们产生饱腹感并抑制进食，对肥胖人群有很好的减肥作用。

食物中，膳食纤维含量高的食物主要有米糠、麦糠、燕麦制品、豆类、小麦及蔬菜等。

总之，饮食和学习一样，"有的放矢"才能事半功倍。补充自己最需要的营养，是我们女孩必须重视的。

出奇制胜：健康养护的新绝招

美丽并健康，是我们每个人共同的心声，但是怎么才能做到这一点呢？这就要求我们从以下细节做起。

早起后先排毒

宿便一旦形成后，所积存的废物会逐渐变为毒素，会造成有害物质再次被吸收到血液中，最终还会发散至我们的皮肤表面，在嘴巴四周长出非皮脂性的毒性痤疮。

因此，每天早上起来，我们一定要在尚未进食之前，空腹喝下一杯加有新鲜柠檬片的热开水。它能起到清除宿便、排除毒素的功效。此外，如果我们有口气不佳的困扰，它也能神奇地帮忙一起改善。

每天吃个苹果

新鲜的苹果是一种很不错的物美价廉的美容食物，因为苹果里面含有大量的水分、纤维，对于保养皮肤很有帮助。另外，含有低能量、多纤维和胡萝卜素的胡萝卜也是不错的皮肤美容食物，而且，胡萝卜还有助于牙齿健康。

饭后喝杯绿茶

英国著名的抗衰老专家尼古拉斯博士认为，美丽发自体内，也就是说，我们每天摄入的食物是我们看上去更美丽的关键因素。

尼古拉斯博士说："我最喜欢的美容食物是绿色沙拉、橄榄油、柠檬果汁。"他建议饭后喝一杯绿茶，而不是咖啡，因为绿茶里含有健康的酸物质和蛋白质。

随时注意保养

一天24小时之中，额头腺体的分泌都各自不同。其活力最低的时间点约在16时左右，而分泌最高点则在13时左右。为此，我们女孩应该随时准备一瓶收敛水、一瓶保湿霜。吃完中饭后，用棉片沾着收敛水清洁一下额头；16时，喝杯下午茶后，也要顺手给额头补充点保湿霜。

在某些时候，如果我们真的需要熬夜，就先洗好脸，做好夜间保养后再继续奋斗，以免皮肤孤军奋战。此外，女孩最晚的保养时间是23时，如此才能给皮肤至少一个小时的时间和保养品里的成分磨合。

不要裸脸睡觉

皮肤细胞在晚上睡眠期间的活动速率远比白天来得快，对营养的需求和吸收速度也比白天清醒时来得多。因此，科学研究认为，晚上睡觉时是皮肤最佳的保养修复期。

含有能辅助和促进肌肤在晚间美容黄金时间进行自动修护、调整的成分的，都是晚间美容最适合用的保养品。比如玫瑰果、薰衣草、莲花、蜂蜜等，将含有这些成分的保养品涂抹在脸上并轻柔按摩，同时深呼吸空气中迷人的香气，之后香香地睡去，美美地醒来。

一些光敏感成分，如果酸、A酸、维生素C等，它们具有很强的美白效果，但是在阳光下使用却会让皮肤变得更黑，所以最适合把它们归入夜间保养行动组。胶原蛋白、绿茶、红酒等成分能在晚间细胞分裂加快时，淋漓尽致地发挥作用，帮助肌肤完成修护、抗衰老的过程。

关心生理朋友

一个月和我们碰一次头的"老朋友"月经，又有人叫它"大姨妈"，是我们的"好朋友"，也是我们女性生育能力的表现。所以我们也要细心体贴地对待"她"，要知道哪些是正常的信号，哪些又是"她"异样的信号。如果哪一次"大姨妈"没来敲门，或者量多了量少了，我们就要好好检查一下：是不是最近压力过大？还是卵巢、甲状腺等方面出现了某些状况？甚至是糖尿病的先兆？这样我们才能更好地掌握自己的健康状况。

只有我们拥有一个健康的身体，才能拥有一个健康的容颜，当然也才能更好地把自己阳光的一面带给我们身边的每一个人。

贴心呵护：不要忽略对颈部的护理

有一句俗话是这样说的："十个美人九个美在脖子。"可见颈部之美对于我们女孩的重要性。美颈是有标准的，既要线条优美圆润挺拔，又要皮肤白皙光滑，触之如丝绒。如果我们细心观察就能发现，那些脖子漂亮的女孩总能吸引更多异性的目光。

与面部相比，颈部的皮肤更加细薄脆弱，皮脂腺和汗腺的分布数量只有脸部皮肤的二分之一。皮脂分泌较少，保持水分的能力比脸部差很多，皮肤容易干燥老化，加之颈部经常处于活动状态，更使颈部肌肤容易出现松弛和皱纹，如不尽早保养，容易导致人未老颈先衰。有人说："数一数女人颈部的褶皱，就知道她衰老的程度。"

为此，我们女孩的颈部护养要尽早开始，千万不能等到其老化松弛、皱纹重重甚至沉积了许多脂肪之后再进行保养。

颈部的基础护理

如果我们没有条件去专业的美容店做颈部护理，可以做好一些基本的日常护理。

第一步：用洁面乳清洁颈部。很多女孩习惯在洗澡时用沐浴液和香皂清洁颈部，其实这会让颈部皮肤变得干燥，加速颈部肌肤衰老。正确的做法是用温和的洁面乳轻柔按摩颈部，再用温水冲洗干净。只用温水清洗也行，但水温不宜过高，否则会刺激皮肤，使其过早老化。

第二步：用面部去角质产品。想要做颈部的基本护理，女孩每周最好进行1~2次颈部去角质。面部护理产品性质较温和，同样可以用于颈部。身体去角质产品用在颈部则要谨慎，因为它的颗粒较大，容易伤害颈部脆弱的皮肤，颗粒极细腻的才可以。

第三步：颈部深层护理颈膜。很多女孩喜欢用敷完脸后的面贴膜接着敷颈部，这是一种错误的护颈方法。用过的面膜上的营养成分已经被面部皮肤吸收了很大一部分，剩余的一些营养在空气中被氧化和挥发，继续使用根本不能满足颈部肌肤的营养需求。

我们想让颈部得到全面营养，就应该将新的面膜敷于颈部。由于面膜的尺寸和颈部不同，为了避免不便，可以使用水洗或免洗式面膜。颈部肌肤干燥时可敷保湿面膜，暗沉的可敷美白面膜，松弛的可敷抗老化或胶原蛋白面膜。最好不要在颈部使用深层清洁面膜，否则会使颈部皮肤变干燥。

第四步：选择合适的颈部霜。适合颈部护理的产品中最好选用含有兰花油、茴香精、人参精的，这些成分具有抗氧化、保湿及激活的作用，而且不易引发皮肤过敏现象。作为女孩，我们要根据自己的肤质选择合适的颈霜，若用面霜代替，最好选择水质的，用乳液也可以。

颈部的日常保养

如果自己的颈部已经有了皱纹，可以为颈部做重点按摩来缓解，以令颈部肌肤紧致，淡化或消减颈纹。按摩时要使用颈霜或按摩膏，否则效果不佳。

按摩操作可这样进行：头部微微抬高，双手取适量颈霜或按摩膏，由下至上轻轻推开，利用手指由锁骨起往上推，左右手各做10次；用拇指及食指，在颈纹明显的地方向上推，切忌太用力，约做15次；最后用左右双手的食指及中指，放于腮骨下的淋巴位置，按压约1分钟，以促进淋巴循环。

如果你想美化颈部线条，还可以多做颈部运动。颈部运动可以在富有节奏感的音乐声中进行，方法为：将头交替前俯和后仰；分别向左和右侧摆动；从左至右旋转，再反方向从右至左旋转；用头部画大圈带动脖颈全方位转动等。

另外，女孩在平时还可练习瑜伽、形体芭蕾或普拉提一类的柔韧性运动，在美化全身曲线的同时，颈部自然也可以得到美化。

爱心忠告：你的嗓子也需要养护

你喜欢去歌厅唱歌吗？相信你经常去吧！在唱歌时，我们最好的乐器就是自己的嗓子，甜美圆润或浑厚磁性的嗓音，会给人留下美好的回味和遐想。但是，需要注意的是，我们的声带是非常娇嫩和脆弱的发声体，如果不加保养，一旦损坏了，就会像一把没有哨嘴的唢呐一样，看着像一件乐器，其实却失去了原有的价值。

嗓音的保养，主要取决于细致的生活方式。在这个沟通的时代，打电话、与人交谈、上课回答问题等，都要用到嗓子。因此，我们必须随时做好对它的保护。

要正确地发声

保养嗓子，首先应该学会正确地发声。据统计分析，大约有70％的人不会"说话"，也就是说有很多人的发音方式是不正确的。为了保护我们的嗓子，在任何时候说话都不要用力过度，而要用柔和的气息使其发声。

运用声带发声就像打鼓一样，有人总觉得鼓不够响而拼命用鼓槌砸，结果鼓面损坏了。声带比鼓面更娇嫩，用气过猛或用力过大都容易损坏。所以，在平时，我们千万不可拼命地喊叫。同时，还应经常锻炼发声，巩固发声方法，提高发声水平。

保证身体健康

身体健康是嗓音良好的保证。日常生活中，我们要注意保持身体的健康，不要过度熬夜，要让整个机体处于正常有序的状态。不知你是否会有这样的体会，当自己的身体不适时，声音也会变异，比如在感冒时，声音会变得沙哑和粗糙。这时，我们要尽量少用嗓子，才能使嗓子较少地受到伤害。

另外，作为女孩，我们在生理期也就是"大姨妈"来的时候，应注意适度用嗓。鼻炎、慢性咽喉炎、扁桃体炎等这些疾病更会直接影响嗓子的健康。

要注意日常饮食，少吃刺激性食物，常喝开水，连续说话15分钟以上时就应休息喝水。在较长时间用嗓后，不要马上吃太冷或太热的食物。

注意日常营养

由于发音器官与呼吸器官紧密相关，我们平时还可以多食用一些润肺的产品与饮料。比如枇杷膏、杨桃汁、葡萄汁、胖大海、罗汉果等对喉咙都非常好。在长时间讲话前可以喝一杯热的而不是冰冻的杨桃汁或上述饮料，冰冻的饮料会使声带紧缩，讲话会感觉不舒服。

嗓子有点发炎时可以用冰块来消肿。热茶的茶碱成分会让喉咙干涩，所以不建议持续饮用。咖啡由于含过多的酸性物质会让口腔中的侵蚀性物质过多，发音时会产生过多的唾液，影响声音的优雅，也不建议饮用。一般清淡的汤比浓而油脂过多的汤更能保护嗓子。

最后，我们还应注意避免一些用嗓的坏习惯，如说话太快会影响呼吸和加重用嗓负担，一般一句话不应超过10个字。

此外，习惯性清嗓也是坏习惯，清嗓会加重声带的紧张度，给声带造成损伤。

心灵勘探：你是一个懂保养的人吗

女孩都有爱打扮的天性，当然也有爱保养的天性，但是把保养当成一种任务去做就会枯燥，久而久之还会因此产生压力，产生保养的反效果。

为此，我们在保养时，只有放松心情，享受美丽，才能做个漂亮迷人的阳光女孩。

那么，你是不是一个懂保养的人，做完下面的测试就知道啦！

1. 你觉得一个女人不化妆不出门是否值得称赞？

A. 是，这是一种非常好的生活态度。

B. 还可以，但没必要每次都化吧。

C. 不是，太浪费时间了。

2. 你会不会通过熬夜看书、上网聊天、打游戏来打发漫漫长夜？

A. 不会。

B. 会。

C. 看心情。

3. 如果提前得知要加班，你会不会把加班时需用的保养品准备好？

A. 会。

B. 不一定。

C. 不会。

4. 对于面部肌肤保养，有时候你会不会因忘记涂抹的顺序而胡乱涂抹？

A. 从来不会。

B. 有时候会。

C. 经常会。

5. 如果你的晚霜用完了，你会不会因为太忙而忘记买？

A. 不会。

B. 可能会。

C. 会,可能连着好几天都没晚霜用。

6. 你重视面部肌肤的程度是否超过身体肌肤?

A. 不是,同等对待。

B. 是,面部天天保养,身体偶尔保养。

C. 是,面部经常保养,身体从不保养。

7. 你看一个女人是否细致、得体首先会注意她的哪个部位?

A. 脖子。

B. 手。

C. 面部。

8. 你是否每天进教室或办公室都会把自己的桌子仔细擦一遍?

A. 是,每天仔细擦。

B. 看着脏了才擦。

C. 一般不擦,没时间或者懒得擦。

9. 你觉得一个人的心情对他的容貌会有影响吗?

A. 有,心情好看上去人也漂亮。

B. 有时候好像有影响。

C. 没有。

10. 对于化妆品你更信赖牌子还是朋友推荐或是别的?

A. 不迷信品牌和朋友推荐,试过才知道效果。

B. 对朋友推荐的深信不疑。

C. 青睐大品牌。

11. 对于你的本职工作你抱有怎样的态度?

A. 努力达到完美的程度。

B. 尽职尽力，但总是有不尽如人意之处。

C. 随便做做，能交差就行。

12. 上司交给你一项很棘手的任务，恰好也不是你的所长，你会怎样？

A. 跟上司说明情况，要求给更多的准备时间。

B. 先赶紧做起来再说。

C. 草草了事，想蒙混过关。

13. 你做了一个噩梦，清晨醒来你的心情极差，接下来的一天你会怎么样？

A. 时不时想起来，心里一阵恐惧。

B. 早上还偶尔记起，到了中午早忘在脑后。

C. 偶尔想起来，觉得不舒服。

14. 你觉得人一生应该有多少个知心朋友？

A. 一两个足矣。

B. 不具体，知心朋友随年龄和环境的变化不断更换。

C. 随便谁都可以当成知心朋友。

15. 你觉得发型、腰带、鞋子，哪个最能体现出一个女人的品位？

A. 发型。

B. 鞋子。

C. 腰带。

16. 通常你是以怎样的方式来看杂志？

A. 先看目录，找自己想看的先看，再看其他。

B. 打开第一页仔细看，看下来觉得没意思扔在一边。

C. 很快地浏览一遍搁在一边。

选A超过或等于6项属于事无巨细型；

选B超过或等于6项属于虎头蛇尾型；

选C超过或等于6项属于囫囵吞枣型。

解析：

事无巨细型：不放过每一处细节。

如果你属于这一类型的女孩，那么恭喜你，由于你对肌肤保养得一丝不苟，所以回报给你的也是趋近完美的肌肤。但是如此细致到没有一点疏忽已经让肌肤保养变成了一项味似嚼蜡的枯燥任务，长此以往便会产生肌肤保养强迫症，要当心哦。

虎头蛇尾型：有一个好的开头却忘记事后的保养。

如果你属于这一类型，那么，你是最普通的保养型女孩了。想要有完美的肌肤，但是恒心毅力不足，而且缺乏一定的耐心和细心。好在这一类型的女孩对肌肤保养都是因兴趣而来，肌肤保养对你来说是生动而有趣的，只是趣味过后，就不保养了，肌肤保养强迫症对你来说还有一段距离。

囫囵吞枣型：只是走一下形式，不顾及效果。

很不幸，你是个保养肌肤的形式主义者。肌肤保养对你来说有时候是兴趣有时候是任务，但无论兴趣也好任务也罢，你都是走走过场，你似乎总是有比保养你的肌肤更重要的事情要做，即便在保养肌肤时也无法专心致志，总是心有旁骛。形式主义下的你，很容易患上强迫症，如果你总是当成任务来完成的话。

女孩秘法：五官保养样样美

现代社会中，越来越多的女性特别重视对自己五官的保养，不知道处于青春发育阶段的你是否也注重五官保养呢？其实，如果我们掌握了正确的方式和方法，五官的保养也不是一件难事。

美目

为了让眼睛更加漂亮、有神，我们平时可以多吃蛋白质丰富的食物，如瘦肉、鸡蛋、牛奶等，还要多吃含维生素A的食物，如动物的肝脏、蛋、奶、胡萝卜、油菜、菠菜、橘子、柿子等。

除了保证营养，我们还需要在日常做好一些养护细节。

临睡前，在眼睫毛上涂一层芝麻油，以促进睫毛生长。

芝麻油涂于眼睑上，也可预防眼袋。

用轻快的按揉法从印堂至睛明穴，再沿上眼眶经鱼腰穴、丝竹空、太阳穴、瞳子髎，并沿下眼睑到睛明，往复按揉5分钟，重点在睛明、鱼腰、丝竹空，可预防上眼睑下垂。

用纱布蘸茶叶水敷在眼皮上，或用生土豆薄片贴在眼皮上，可除去黑眼圈。

美鼻

和眼睛相比，把鼻子变美丽的方法相对简单些。用两手中指指面分别摩擦鼻两侧50次，用中指指端按揉鼻部素髎穴，可预防酒糟鼻。

美唇

嘴唇保养不用天天做，不过如果我们能够坚持每周一次嘴唇保养，它一定会给我们一个惊喜。

在做嘴唇护理之前，我们要先准备好一条干净的毛巾、凡士林、唇膜、润唇膏和软毛刷。

准备好之后，我们先把干净的毛巾在热水中浸湿，用热毛巾敷在唇部约5分钟，这样可以软化唇部的角质层，让嘴唇更有效地吸收营养。这时，再在唇部厚厚地涂上一层凡士林，然后用软毛牙刷轻轻刷唇部，这样可以祛除老化角质层，促进唇部的新陈代谢。

接下来做的是唇部按摩，将凡士林抹在嘴角，以中指及无名指指尖，由上唇中央沿嘴巴轻按至下唇中央，重复5次。按摩可以进一步促进唇部皮肤对营养的吸收。

最后，再敷上唇膜，如果没有唇膜，可以在嘴唇上涂上厚厚一层润唇膏，然后把保鲜膜剪成嘴唇的形状，敷在嘴唇上，再用热毛巾覆盖，这样做可以使我们的唇部皮肤更充分地吸收营养。15分钟后，用湿纸巾将嘴唇擦干，然后再涂上润唇膏。

为了使我们的嘴唇更加漂亮，在平时，我们还需要做好以下一些细节：

晚上刷完牙后可以轻轻地用一把干牙刷在嘴唇上移动，或用手指按摩唇部周围，这样可以刺激血液循环，收紧嘴部轮廓，防止肌肉松弛。

如果你实在没有时间进行嘴唇保养，也可以利用蒸汽来处理嘴唇角质和翘皮。用蒸汽毛巾热敷可以轻松地搞定小翘皮和细小的皱纹。

蜂蜜中含有的天然保湿成分十分适合滋润和保护唇部。如果嘴唇感觉干燥，我们可以将蜂蜜薄薄地涂在嘴唇上，同时涂抹在嘴唇周围的皮肤，然后用手轻轻拍打，促进吸收。

防止唇部干燥脱皮，简单又经济的方法就是涂抹凡士林，将沾满保湿化妆水或保湿精华液的化妆棉贴在唇部也是一个好办法。如果没有唇部专用的护理品，用眼部产品来代替效果也很不错，因为眼睛周围的皮肤和唇部一样十分敏感，所以眼部产品也很适合唇部。

挑选含有金盏草及甘菊精华成分的润唇膏，这两种成分能舒缓干裂的双唇。

橄榄油也可以用来滋润嘴唇。你可以在睡前把橄榄油薄薄地涂在嘴唇上，过15分钟后擦去，滋润效果很不错。不过要注意擦干净，不要把它弄到枕头上去哦！

美牙

一口好的牙齿在微笑时，使我们更有魅力，而保护我们的牙齿，使它更漂亮，其实方法也很简单。

用拇指按揉面部及下颌的下关、颊车、地仓穴，再拿合谷数次，每穴半分钟，早晚各1次。

用洗净的拇指和食指按摩牙龈，每日几次，每次10分钟。

每天起床后、临睡前叩齿，开始时轻叩10多次，以后逐渐增加次数和加大叩击力度。

用牙刷沾精盐少许，再挤上常用的牙膏刷牙，可除去茶斑、烟斑，又有消毒杀菌、除口臭的作用。

平时少吃零食，临睡前绝对不能吃糖果和糕点。

美耳

耳朵作为我们的听觉器官，起着重要的作用。同时耳部对我们女孩来说也是不可或缺的，一般说来，美耳的方法也比较简单。

两手掌分别贴于脐下小腹中央处，上下摩擦30次，令其发热，可预防耳鸣。

左手抱左脚，右手搓擦涌泉穴50次，再换右脚，每晚洗脚后按摩1次，可预防耳鸣失聪。

用拇指、食指和中指揉搓耳郭及耳后颈部10多次，再按揉耳门、听宫、听会、翳风等穴，每穴30秒。

用拇指、食指和中指捏住耳郭牵拉10多次，后将手塞入耳内做快速的震颤法，同时用手捏住鼻子向外鼓气，每日早晚各1次，每次30下。

五官是我们身体的门户，帮我们接收信息，替我们向外界传情达意，同时，五官也最先泄露我们的年龄。保持五官年轻态，会使我们看上去一直很年轻，也是我们成为阳光女孩的有力保证。为此，你一定要做好五官的养护哦！

精心呵护：用心护理你的指甲

现在，看看自己的指甲，你觉得自己的指甲漂亮、美观吗？如果你觉得还行，那就继续保持对指甲的呵护。如果你觉得自己的指甲没有美感，那么，从现在起，你就要用心护理自己的指甲了。

要知道，真正爱美的阳光女孩在乎自己的妆容、发型，也在乎指甲等细小的地方。下面，我们就来一起学习指甲的护理方法吧！

清洁指甲

你应该知道，没有什么比一双沾有污渍的指甲更让人恶心的了。为此，我们女孩应该随时保持手部清洁，如果没有水清洗，可以选用一些具有抗菌作用的湿纸巾或酒精棉球进行清洁。

使肌肤柔和

过于干燥的手部肌肤会让我们整个人的皮肤都显得苍老而没有光泽。此时，使用保湿功能的护手霜会使我们的肌肤带有露水般的清新，而不显得油腻。

保护指甲

你可以在手指表皮上涂一层橄榄油来保护皮肤和指甲。如果你根本来不及去做一次完整的指甲护理，涂上一层油会让指甲更加滋润。

涂指甲油

为了塑造出漂亮持久的纤纤玉指，我们女孩可以涂上两层指甲油，这样会有更好的光泽感，而且比一层甲油更加不易脱落。

使用卸甲液

现在社会上非常流行带有亮片的指甲油，这种指甲油虽然好看但是非常难卸。你可以将一小片浸透了卸甲液的棉片放在指甲上，静静地敷几分钟。当它们浸透了卸甲液时，卸掉亮片甲油就容易得多了。

打磨指甲

如果你没有时间做一次完整的指甲护理，那么利用坐车的时间打磨指甲是不错的选择。它需要的时间很短，而且打磨的过程会让血液流向表面，使指甲显出漂亮的粉红色，即使不涂甲油也一样充满健康的光泽。

去掉污点

涂甲油即使再熟练，也经常会有涂出来或者没涂上的时候。遇到这种情况，你可以在大拇指上蘸上洗甲液，然后轻轻地涂抹没有涂好的地方。如果你有足够的时间，那么可以等指甲油干了以后，在涂坏的地方再薄薄地盖上一层。

去掉老茧

为了使干燥的肌肤变得柔软，你可以用一种金属锉来锉掉指甲上的老茧，当然在摩擦的时候要涂上油，这样可以防止过度摩擦使肌肤受到伤害。

保健之本：避免电脑辐射的保养

现代生活中，随着电脑的普及，越来越多的人每天会有很多时间泡在电脑前遭遇电脑的辐射，随之而来的是皮肤干燥、暗黄……肌肤问题接踵而至，让人颇感头疼。

亲爱的女孩子们，你们是否也有这种困惑呢？

为了我们的健康，为了我们的美丽，我们到底是应该远离电脑，还是减少对电脑的使用呢？其实，只要我们懂得正确的保养方法，电脑对我们的伤害还是会降到最低的。

保证荧光屏清洁

每天开机前，用干净的细绒布把荧光屏擦一遍，减少上面的灰尘。

隔离保养最重要

经常用电脑的我们要学会使用隔离霜，薄薄的一层，就能够让肌肤与灰尘隔离。比如使用保湿隔离霜、防护乳。另外，用点透气性强的粉底，也能在肌肤与外界灰尘间筑起一道屏障，但不要用油性粉底。

做好脸部的清洁

电脑的"静电吸尘"会让我们的脸很脏。为此，当我们用完电脑后一定要记得洗手、洗脸，让皮肤得到清洁和放松，同时还可以清除脸上残留的电磁线，以此保护我们的皮肤。

经常给皮肤补水

通常来说，电脑的辐射会导致我们的皮肤发干。为此，我们在用电脑时，身边可以放一瓶水剂产品，如滋养液、柔肤水、精华素等，经常给脸补补水。

如果没有时间做一般的补水工作，我们还可以多喝水，这样既能补充肌肤的水分，又能促进我们身体的新陈代谢。

常喝绿茶和花茶

研究发现，抵御电脑辐射最简单的办法就是在每天喝2～3杯的绿茶。因为茶叶中含有丰富的维生素A原，它被人体吸收后，能迅速转化为维生素A。维生素A不但能合成视紫红质，还能使眼睛在暗光下看东西更清楚，因此，绿茶不但能消除电脑辐射的危害，还能保护和提高我们的视力。

当然，如果你不习惯喝绿茶，菊花茶同样也能起到抵抗电脑辐射和调节身体功能的作用，为了健康，你可以试着喝一些哦！

喝鲜果汁和生菜汁

鲜果汁和不经煮炒的生菜汁是我们人体的"清洁剂"，能解除我们身体内堆积的毒素和废物。如果我们身体内的毒素少了，我们的皮肤自然就会光洁许多。

尽量少用旧电脑

在使用电脑时，我们应尽可能购买新款的电脑，一般不要使用旧的翻新的电脑。因为旧电脑的辐射一般比新电脑的辐射大得多，在同距离、同类机型的条件下，旧电脑的辐射一般是新电脑的1～2倍。所以，不要为了省钱总是用旧电脑哦！

注意电脑的摆放

尽量别让屏幕的背面朝着有人的地方，因为电脑辐射最强的是背面，其次为左右两侧，屏幕的正面反而辐射最弱。为此，我们在摆放电脑时，以能看清楚字为准，至少也要50厘米～75厘米的距离，这样才可以减少电磁辐射对我们的伤害。

注意室内通风

科学研究证实，电脑的荧屏能产生一种叫溴化二苯并呋喃的致癌物质。所以，我们放置电脑的房间最好能安装换气扇，倘若没有，在使用电脑时尤其要注意通风。

桌上放几根香蕉

经常使用电脑的我们会觉得眼睛干涩疼痛，所以，在电脑桌上，我们不妨放几根香蕉。香蕉中的钾可帮助我们身体排出多余的盐分，让身体达到钾、钠平衡，缓解眼睛的不适。

此外，香蕉中含有大量的β-胡萝卜素，当身体缺乏这种物质时，眼睛就会变得疼痛、干涩、眼珠无光、失水少神，多吃香蕉不仅可减轻这些症状，还可在一定程度上缓解眼睛疲劳，避免眼睛过早衰老。

此外，在日常生活中，我们还要保证饮食的营养均衡。适当补充维生素A、维生素C和维生素E。要给皮肤适当地放放假，一星期要让皮肤休息两天，不要每天都坐在电脑前。同时，我们还要注意眼睛的休息，最好每小时休息10分钟。

只要我们坚持做到这些，我们的肌肤健康也就更有保障，而我们的外在形象也将更有魅力。

时尚美容：跟上时代新步伐

空气营养美容

国外一些有见地的美容学家、植物学家根据植物的光合作用及呼吸原理，培植出了许多会放出营养的植物，这些营养内有激发皮肤细胞活力的负氧离子和保湿因子等。将一定量的植物放入一个密闭的"花棚"里，只需保持适当的温度和湿度，控制好时间便可让植物释放出"营养"，当浓度达到要求时，美容者就可以进入"花棚"，一边欣赏花草植物，一边自然地进行美容。

聊天美容

目前，在一些西方国家里，出现了一种以专门逗人笑来美容的场所。人们通过聊天、说笑来缓解内心的紧张与压力，使面部肌肉得以自然松弛，促进血液循环，加速细胞的生长，并激发细胞的活力，防止皱纹出现，产生意想不到的美容功效。

音乐美容

音乐是一副天然的美容良药——已经与美容专家、心理学家、生理学家和音乐工作者达成共识。许多国家的美容医学研究机构已经在古典乐曲和现代乐曲中，选出了220首具有美容功效及健康功能的乐曲，准备制成美容录音带、CD唱片和VCD光盘。这样人们就可以在欣赏音乐的同时，完成一次高质量的美容。尤其在音乐文化日益发达的21世纪，对于音乐的欣赏与重视已深入人心，音乐作为重要的美丽元素，给爱美的人们带来了新的生机。

心理美容

心理美容的目的就是通过疏导与暗示，使人心情愉快，精神饱满，气血运行顺畅，促进血液循环，激活面部和全身肌肤细胞的代谢，从而令面容富有光泽和弹性。如今，国外已有相当数量的心理美容院，人们美容时，在与心理美容师的对话过程中，就能得到一次最好的美容。

水美容

现代女性越来越追求自然美，而现在世界上最热潮的美容就是水美容。水，尤其是凉开水具有非凡的美容作用——因为它密度小、洁净，其生理活性不仅不会对肌肤造成伤害，而且很容易被皮肤吸收，以保持皮肤的水分。如果坚持用凉开水洗脸，过一段时间后，皮肤就会显得柔嫩、细腻、润泽并富有弹性。

水美容有以下两种方法：一种是温水、冷水交替清洗法。每天早上洗脸时，首先用温水和清洁面霜或洗面奶轻轻按摩面部，坚持一个月，就能使你的脸部变得白皙光滑。因为温水能够清除油腻污垢，同时又有活血的作用。然后，用冷水浸洗。其原理和桑拿浴相同，能促进皮肤的新陈代谢，使肌肤自然收缩，保持原有的弹性，不松弛。

此外，用双手撩水轻轻拍打面部，使平时疏于活动的鼻子、眼皮的皮肤得到刺激，效果会更好。趁水分未干时，用手轻轻拍脸颊、前额、太阳穴等部位，使水分被肌肤充分吸收，皮肤就会更加光亮细嫩。

另一种是热敷法，就是把毛巾浸在热水里，然后拧干热敷在脸部，如此反复3次后，再用面霜、鲜牛奶加少许温水拌匀，涂在面部，并用手轻轻按摩几下，每日1至2次，坚持半月，可使面部柔美光滑靓丽起来。

洗澡时，不要忘了用莲蓬喷头的强劲水花喷洒面部、脖子、双肩、胸部、小腹、大腿等部位。这是利用水流按摩肌肤的功能，促进全身的血液循环，以求皮肤光亮而富有弹性。

薏米美容

薏米属禾本植物，又名薏仁、六谷米等。薏米是我国古老的食药皆用的粮食之一。薏米还是一种美容食品，常食可以保持人体皮肤光泽细腻，对消除粉刺、雀斑、老年斑、妊娠斑、蝴蝶斑、皮屑、痤疮、皲裂、皮肤粗糙等有良好疗效。经常食用薏米食品对慢性肠炎、消化不良等症也有疗效。健康人常食薏米食品，既可化湿利尿，又能使身体轻捷，还会减少患癌的几率。